超ひも理論をパパに習ってみた

天才物理学者・浪速阪《なにわざか》教授の70分講義

目次

超ひも理論をパパに習ってみた　天才物理学者・浪速阪《なにわざか》教授の70分講義

カバーイラスト●ウラモトユウコ
ブックデザイン●内山尚孝（next door design）
そりうしTシャツ●クレジット：Mt. MK

予習

異次元パパ

「ねえパパ、異次元空間なんて無いよね？」

　パパは大学で物理を教えている。ってパパは言うけど、ホントは何をしているのかわからない。家に帰ったらパソコンばかり見てるし、頭をボリボリかきながら天井見てるし、わけのわからない数式を広告の裏に書き散らしては大事そうに重ねて束《たば》にしているし、妹を連れて近所の児童公園へ遊ばせに行ったら、ブツブツ言いながら滑り台のまわりをぐるぐる歩いてる。確か私が小さかった頃も、公園へ一緒に行っても、私のことはほったらかしで、パパはブランコのまわりをずっとウロウロ歩き回ってた。だから、科学者というのはそういうウロウロする職業で、まあそんなお仕事も世の中にはあるんだなと思ってた。

　でも、異次元の質問をしたときのパパの反応は、いつもとずいぶん違っていた。

「美咲、なんでそんなこと聞くんや？」

　パパの目は輝いていた。いつもあんなにボンヤリした声でしか返事しないパパの目が。


　その日から、私の生活が変わった。毎日、秘密で、異次元空間のことをパパと一緒にこっそり考えるようになった。私、そんなふうになるなんて、思いもしなかったのに。そう、私の高校のクラスの誰も、きっと、私が異次元空間のことを毎日考えてるなんて知らないはず。

　だって、「異次元」だよ、「異次元」。ウソっぽいよ、まるで「宇宙人」みたいで。ただ、宇宙人がこの宇宙のどこかにいるかいないか、って、誰でも考えたことあるでしょ。でもそんな話を友達にしても、相手にしてもらえなさそうだから、しないけど。そういう意味で、宇宙人も異次元も一緒。異次元空間なんて、SFとか、映画の世界みたいに聞こえるでしょ。

うーん、誰でも小さい頃はちょっと考えたことあるはずよね。ワープして一瞬で他の場所に行っちゃうとか。どこの誰よ、そういう素朴《そぼく》な疑問を、笑って「そんなのテレビの中の話だろ」とかまとめちゃうのは。異次元でもなんでも、いったん気になったら、気になっちゃうじゃない。

「パパ、私最近リカとケンカしたんだけど、その理由がね、リカが私に、美咲は異次元にいっちゃってる、って言ったからなのよ。それ、どういう意味？　って聞き返したら、美咲は時々話があっちこっちに飛んだり違うところにいっちゃったりしてる、っていうことなんだって。それで、異次元ぽいってどういうことかでケンカになったわけ」

パパはなぜかニヤリとして、

「なーんや。異次元ネタでもめた、っちゅうわけやな」

我が家はパパとママが関西弁。でも私は小学校まで東京にいたから、関西弁は話さない。だから、ハタから見ると、すごく変な会話に聞こえるらしい。仕方ないでしょ、親のコトバまで私は変えられないんだから。

「あのねぇ、それで、異次元っぽいってどういうことなのか、知りたいのよ。パパそういうの、得意でしょ。異次元空間とか、考えたことあるでしょ」

私が妙にこういう異次元とかいう言葉にひっかかっちゃうのは、絶対にパパのせいだ。物心ついた頃には、そういうちょっと物理っぽい感じのものがまわりにあったから。本棚には『相対性理論』とか、難しそうな本が並んでいたのを覚えている。手に取ったこともないけど。それで、異次元とかいう言葉でリカにやり返したいから、ちょっとだけ、出来心で聞いてみただけ。けど、パパの答えは想像を絶してた。

「美咲、パパが大学で研究してるんは、異次元の研究なんよ」

ビックリした。だって、異次元ってSFだと思ってたから。ちょっと待って、待ってよ。うーん、私の高校の授業料は、パパのお給料。そしたら、私は異次元のおかげで、今の高校生活を楽しんでるっていうわけ？

えーっ？

【浪速阪《なにわざか》の日記】

7月1日

AdS/CFTに電場を時間変化させて入れたときの話を引き続き計算フォロー。共同研究者のM氏とK氏から数値計算の結果を教えてもらう。結果の解釈が不明。物性でいろいろアナロジーがありそうだが、よくわからない。これは面白い。

そもそも、数値計算がこんな結論になるとは予想していなかっただけに、非常に面白い。たいていの場合、予想どおりの結果が計算で出てきて、それを論文にまとめるのだが、今回はかなり違う。非閉じ込めが起こることは知っていても、それがどんなふうに起こるかは僕にはわかっていなかった。かなり驚きの数値の結果だ。これだから物理は面白い。

超弦理論の分野は実験とは近くないので、なかなか本当の実験と比べることは難しい。けれども、数値の結果は実験のようなものだ。そこからこんな予想外のことが出てくるというのは、挑戦されているような気がしてならない。この結果の物理的解釈によって、これからの理論の進む方向が決まるような気がする。

美咲が異次元の質問をしてくる。急にどないしたんやろ。けどオモロい。対応したほうがいいか。

第0講義

一日10分で異次元がわかる、ってウマい話

パパが異次元のことを研究していると知って、ちょっと勉強が手につかなくなってしまった。高校で物理は習ってるけど、教科書でも参考書でも「異次元」とかいう言葉見たことないし。ひょっとしてパパはウソをついてるんじゃないかとも思う。からかっているだけなのかも。そうね、からかっているんだ。私が何も知らないと思って。

でも、パパがもし本当に異次元の研究をしているんだとしたら？　そう思うと少しエキサイティングだ。異次元って、かなりヤバい。普通考えないもの。なんで普通考えないんだろ？

夕食を終えてテレビを見ながら、何気ないふりをしてちょっと聞いてみた。

「ねえ、昨日言ってた、異次元の研究してるってホント？」

「ああホンマやで。自分の娘にウソ言う必要ないやろ」

「えー、異次元ってマンガみたいな？」

「異次元がマンガ？　って、どこでそんな話になるんやろねぇ」

「どこでもドア、とか異次元ぽいでしょ。それに、4次元ポケットとか」

「ああ、なるほどね。確かに異次元はマンガの世界がポピュラーかもしれんわな。けど、ちょろっと残念やけどね」

「どうして残念？」

「そら、自分が研究してる異次元と、頭の中の想像の話みたいなマンガのフィクションが一緒になってしもたら、残念なんよ。パパ真剣に異次元の研究してるのに、それおとぎ話や、て言われたら、物理学の研究にはならんようになってしまうやろ」

パパは真剣な顔をして、立ち上がってキッチンのほうへ行ってしまった。思わず私はとっさに、パパを追いかけていた。ここで、パパにもっと尋ねることにしたのは、後で思うと、運命の分かれ道だったのかもしれない。

「ねえ、異次元なんて無いのに、なんでそんなこと研究しているの？」

パパはちょっと考えてから振り向いて、それで笑いながら言った。

「ははは。異次元が無いって、なんでわかるんや？」

「え、だって、無いじゃん」

「そやから、なんでわかるん？」

「無いものは無いよ」

そう言いながら私は、理由を必死で探していた。だって無いでしょ。あるって言ったら、変人扱いされるでしょ。だから無いでしょ。あれはマンガの話よね、ってみんなで笑わないといけないでしょ。雰囲気的に、そうでしょ。

でも、友達と話を合わせるのに理由を考えたりはあまりしなかった。異次元が無いって、どうやってわかるんだろう。

パパがニヤニヤしてこっちを見ているので、言ってやった。

「じゃあ、もし、もしも異次元があったとしたら、パパの異次元の研究は何の役に立つの？　パパはいつもウロウロして異次元の何を考えてるの？」

パパはびっくりした顔をして、

「うーん、そやな……例えばやな、パパが研究してたことの一つとして、異次元を使って陽子《ようし》の大きさを計算する、てのがあるで」

「陽子って何？」

「陽子ちゅうのはやな、水素の原子核のことや」

「水素って習ったけど、原子でしょ。酸素と一緒になって水になるのが水素って習った。でも、異次元は全然習わなかった。参考書にも載ってないし。異次元で陽子、ってパパ言うけど、そしたら、例えば、水は異次元の中にいるってこと？」

そう聞いたら、パパは、うーん、と考え込んでしまった。20秒くらい黙り込んで、そしてパパは、例の「ウロウロ」を始めた。キッチンは狭いのでウロウロも足取りが細かい。しばらくウロウロしてから、ぼそっと、

「水も異次元の恩恵を受けている、ちゅうことやな」

とわけのわからないことを言った。私は混乱して、手を上げて降参した。

「やっぱりパパは異次元に住んでるよ。バイバイ」

「まあまあちょっと待て。ほな、こうしよう。毎晩、ちょろっとずつ、パパがなんで異次元の研

究してるか教えたろう。ほんだら美咲も、しまいには異次元の気持ちがわかるようになるから、な」

異次元の気持ち！

スゴい言葉だ。私、学校の物理はあんまり好きではないけど、でも「異次元」って教科書に出てこないし。あれ、次元って、ひょっとして物理じゃなくて化学？　あ、数学？　まあいいや、どこにも出てこないから。この際、パパに全部聞いちゃうのもアリね。もちろん友達には秘密。もし万が一万が一バレたとしても、マンガの話を習ってるって言えばいいのよ。何とかなるかも。

「パパ、私その異次元の話、知りたい」

「おー、ホンマか、嬉しいわあ。ほな、毎晩、寝る前にちょこっとずつ教えたることにするわ。おもろいで〜。もう、異次元に、腰から頭から、ずるうっと引き込まれるで」

大阪育ちのパパはいつもこんな感じだ。関西人が大げさに言うことは9割差し引いて聞かないといけない。でも、真剣に話しているときがどんなときかというのは、私にはわかる。小学校の途中で東京から転校してきて、大阪で鍛《きた》えられたよ。

それと、多分こんな調子で、ずーっと好きな仕事の話を語られても私はすぐに寝てしまいそう。

「ねえ、異次元のことがわかるのに何時間パパの話聞かないとダメ？」

「いやいや、そんな何時間もかからへんよ。ばばーっと話すから、まあ1時間くらいやで。そやな、一日10分くらいしゃべったとして、ぜんぶで1週間くらいやろな」

「えー、ウソでしょ、そんなに早くわかるわけないよ」

「ほな今晩から始めてみよか。なーんとなく、やったらすぐにわかるで。まあパパも頑張ってみるから」

一日10分、1週間で異次元の気持ちがわかるなんて、だまされてる気がする。でも、ホントだったらスゴい。

「パパが大学で研究してるのはな、『超ひも理論』っていうんや。この世のすべては小さな『ひも』からできてるかもしれへん、ちゅう仮説。ここに異次元の世界が毎日出てくるんや」

超ひも理論と異次元の世界。すべてがひもでできている？　1週間でその気持ちがわかる？

【浪速阪《なにわざか》の日記】

7月 2日

閉じ込め転移について着想。ユニバーサルなコンジェクチャにしたいところやわ。状況を詰める必要あり。

ケンブリッジのDから連絡。返事を書くのを忘れてたから、明日書くこと。昔の非可換空間の渦の話を掘り出す必要があるかもしれない。けどあれは失敗したはず。Dの指摘で失敗がわかったはず。でもそのまま捨てるにはもったいないアイデアにも思う。渦が引き伸ばされる状況を調べること。

それにしても、Dとは面白い付き合いやわ。誕生日がまったく一緒ってわかった時の、あの二人の驚きを、今でも覚えてる。世界の裏側で同じ時に生まれた二人が、こうして物理のおかげで知り合い、一緒に論文を書いた。そういうことが、物理を忘れがたいものにしてくれている。いや、むしろ、物理のおかげで人生がホンマに豊かになってる。

今日も美咲が異次元のことにからんできたので、夜に寝る前にでも少しずつ教えてみることにする。うまくいかない気がする。

おまけの異次元

⓪ 超弦理論と異次元

「異次元の研究」という言葉を聞いて驚いた読者も多いかもしれません。超ひも理論と呼ばれる、この宇宙のすべての物質と力を統一的に説明するという野心的な物理理論において、異次元の研究は中心的になされています。本書の各「講義」の終わりには、各講義の内容に従って、このように少し発展的な話題を含んだ解説をしますので、興味のある読者はこちらも読んでみてください。もちろん、パパと娘の話だけを初めに読んでも、物語を楽しめます。

超ひも理論は、研究者には「超弦《ちょうげん》理論」や「弦理論」「ストリング理論」などと呼ばれています。日本で広い意味で関連研究を行う研究者は、大学院生も含めて100人くらいで、世界では1000人規模になるでしょう。

私たちの宇宙や日常世界は、素粒子と呼ばれる「点」が集まってできていることが知られています。素粒子の種類と相互作用は、「素粒子の標準模型」と呼ばれる理論で記述されています。この理論は、一つの式（ラグランジアンと呼ばれます）で書かれています。その一つの式から、宇宙におけるさまざまな現象が予言・計算できるのです。人類の素晴らしい金字塔ですね。

その小さい素粒子が、じつは小さなひもでできているとする仮説が、超弦理論です。この仮説は、実験的な検証を待っていますが、まだ確認されていません。では、ひもを考える動機は何なのか？　これについては、本書で少しずつ説明していきましょう。

超弦理論の興味深い結果の一つに、空間の次元や構造を規定してしまう、ということがあります。特に、最もポピュラーな超弦理論だと、空間の次元は9となってしまいます。つまり、我々の3次元空間のほかに、6次元の空間が組み合わさっていないと、理論が数学的に矛盾してしまうことがわかるのです。

このようなことは、通常の素粒子の理論では起こりません。ひもでできていると考えることは、この世界の次元にまで予想を与えるのです。それに伴って、異次元の考え方が導入されるのです。

異次元というと、とてもエキゾチックなSF世界のように聞こえます。しかし、このように異次元は素粒子物理学の研究に根づいたもので、現代物理学の大きな研究対象になっています。本書では、現代の最先端研究の試みと、それが行き着いた「次元はまやかしである」という驚異的な結論を、わかりやすい形でお届けします。

第1講義

陽子の謎と、1億円

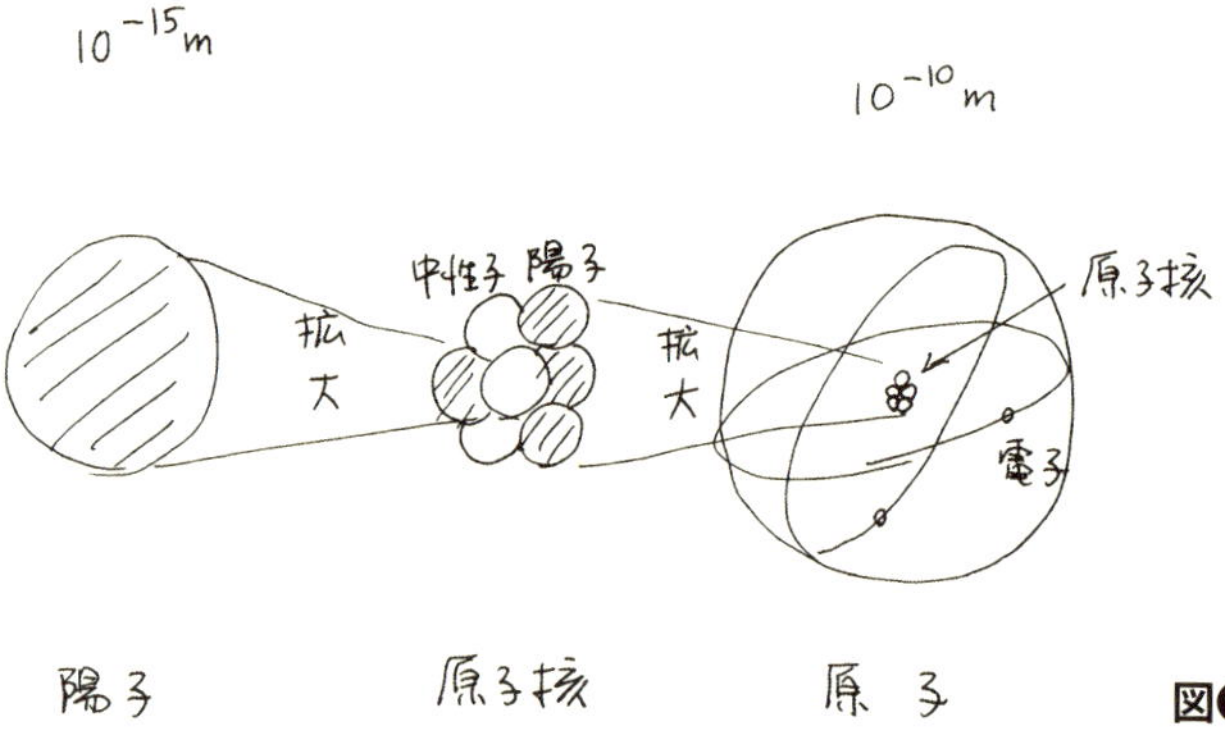

図❶

「まあ、簡単に言うと、陽子の大きさを手で計算した人はまだ誰もおらへん、ちゅうことやな」

パパは広告の裏紙とボールペンを持ってきた。寝る前でちょっと眠いけど、わからないところはいつでも質問していいことにしてもらった。いよいよ異次元の話が、一日10分でスタート！

「陽子の半径は、10のマイナス15乗メートル、って測られてる。10のマイナス15乗ちゅうのは、0・00…001、小数点の後に14個ゼロがついて、15個目がようやく1になるような数字や。ホンマちっちゃいやろ」

「れいてんれいれいれいれいれい……ちっちゃすぎでしょ」

「でもむちゃ大事なんよ、恐らく宇宙の中で一番大事なんは陽子やで。人間の体は原子が集まってできているけど、原子は原子核と電子からできている。じつは電子はとても軽いから、原子の重さのほとんどは原子核の重さ。ほんで、原子核は、陽子と中性子という2種類の粒子からできてる。そやから、陽子は重要ちゅうことね。高校3年の物理で習うことや

図❷

ね」

「じゃあ私、もうすぐ高校で習うね。陽子って素粒子《そりゅうし》とかいうもの？　パパは素粒子の研究をしているって言ってたの覚えてるよ。でも異次元なんて言ってなかったよ」

「そうそう。じつはやな、素粒子のことをよおーく考えると、異次元のことを考えたほうが都合がええってことがあるから、素粒子と異次元を一緒に考えている研究者はむっちゃ多いんよ。ところで、素粒子って言葉よく覚えてたなぁ」

「だってパパ、ＳＯＲＩＵＳＨＩって書いてあるＴシャツいつも着てるじゃない」

パパは、友達がデザインしたという「素粒子Ｔシャツ」をいつも大事そうに着ている。「そりゅうし」と「反《そ》り牛」をかけて、牛が反ってるデザインのＴシャツだ。

パパは大学の先生なのに、いつもジーパンにＴシャツ。大学の授業もその格好で教えてるらしい。うちの高校の先生のほうが、よっぽどきちんとした格好をしている。でも、パパに言わせると、スティーブ・ジョブズのようにクリエイティブな人間は外見にとらわれない、って。しかも、素粒子物理の研究者はみんなパパと同じような格好をしてるって言う。ホントかなあ。

「あー、あのTシャツは本番用の大事なTシャツやねんで。『そりうし』が本番や、の言葉どおり、パパは素粒子の研究をしてる。素粒子っちゅうのはやね、この宇宙を作っているすべての物質と力の元になるもの。この広告の紙かて、美咲の体かて、ぜーんぶ素粒子でできてる。細かく細かく刻んでいくと、最終的には素粒子っちゅう『つぶ』になる」

「うーん、私が刻まれるのを想像するのはイヤだけど、素粒子でできているというのはもう認めるしかなさそうね。で、陽子は素粒子なんでしょ」

「50年前はそう思われてたよ。でもやな、今は違うんや。陽子は、素粒子が三つ集まってくっついたもんやということがわかっているんや。その素粒子は、クォークって呼ばれてる」

「じゃあクォークの大きさがわかれば、それを3倍すればだいたい陽子の大きさになるね」

「そう思うやろ。それが違うねんな～」

パパは、いい質問をした時に目が輝く。私の質問は、ちょうどパパの言いたいことにつながっていたらしい。

「じゃあどうやってくっついてるの？　おかしいじゃん」

「このクエスチョンな、ホンマにきちんと答えわかったら1億円もらえる問題で、世界で誰もまだ解いてないねんで」

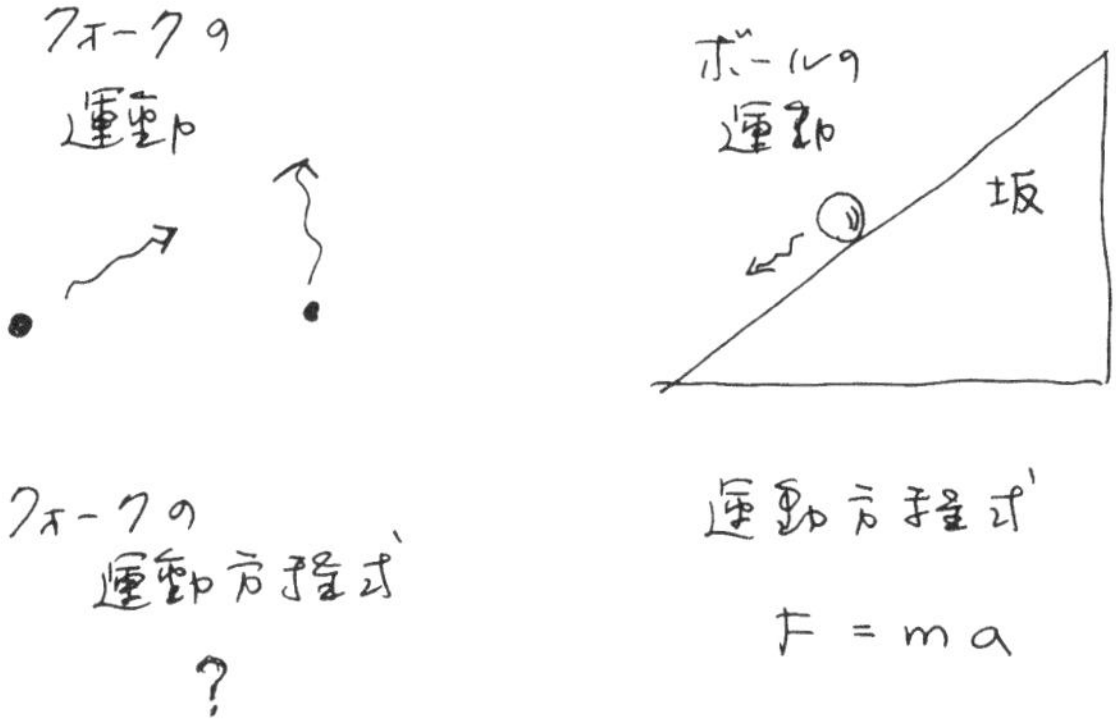

図❸

え？　1億円？　世界の誰も解いていない？

「この問題は、アメリカのクレー数学研究所ちゅうところが出している『ミレニアム問題』の一つで、『クォークの閉じ込め』って言われてる問題や。クォークは1個では取り出されへん。2個とか3個で必ず組み合わさってしまう、ちゅう不思議な性質を持ってるんや。3個のときが、陽子になる。じつは、クォークを表す方程式はわかっているのに、それを解いた人はおらんのや」

「方程式って、運動方程式のこと？　物理で、摩擦《まさつ》のない坂でボールを転がす例題とか習ってるけど」

「それや。クォークにも、クォークの運動を表す方程式があるんや。それがもし解けたら、クォーク三つがくっついて陽子になったりするところがわかるはずやろ。陽子の大きさもわかるはずやろ。けどな、まだ誰も解いた人がおらんのや。物理学の難問なんや」

「じゃあパパは1億円もらうために素粒子の研究してるの」

「もちろん1億円くれるんやったら絶対もらうけどな、でも研究はそんなんとはちゃう。おもろいからやってるんや。じつはな、クォークの方程式を解くときに、異次元の考え方を使えるんやないか、って、世界中の研究者が寄ってたかって研究してるんや。おもろいやろ。パパの研究は、そういう研究や」
「異次元で素粒子がわかるって、わけがわからない」
「そやろ、それが面白いんやで。クォークの振る舞いの謎を解く鍵が、異次元の考え方にあるかもしれんのやで。わからんのが面白いんや」

わからないことが面白い。そんなふうに思ったこと、なかった。学校の宿題がわからないと、ツラい。友達が話している話題が何のことかわからないと、ツラい。だから、わからないことはツラいことだと思ってた。パパはなんで、わからないと面白いって言うんだろう。物理学者はそんな妙な感覚を持っている人がなっちゃう職業なんだろうか。

でも、何となく気分は通じるような気がしてきた。だって、世界の誰もわかってないんだったら、自分もわからなくてもいいよね。わからないのが普通なんだから。それで、もし自分だけその謎が解けてわかっちゃったら、それこそスゴいよね。だって世界で自分だけしか、わかってるってことを知らないんだから！

私はスゴい問題を知ってしまった。世界の誰もまだわかっていない、解いたことのない問題。そんな問題があるんだ。

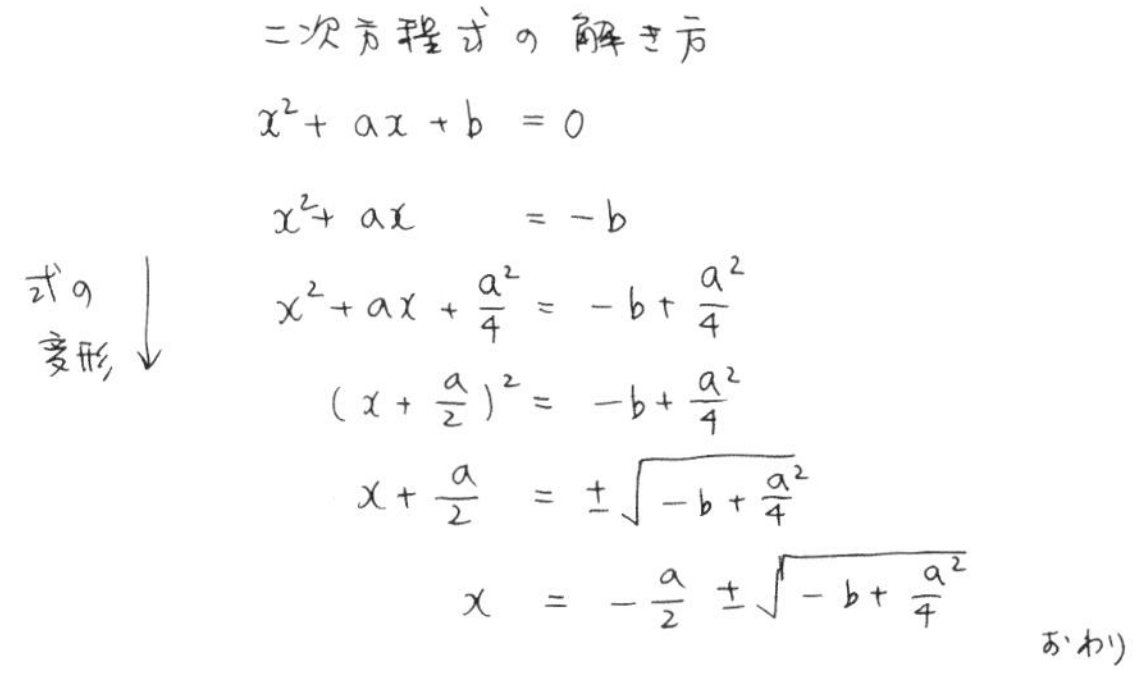

二次方程式の解き方
$x^2+ax+b=0$
$x^2+ax=-b$
式の変形
$x^2+ax+\frac{a^2}{4}=-b+\frac{a^2}{4}$
$(x+\frac{a}{2})^2=-b+\frac{a^2}{4}$
$x+\frac{a}{2}=\pm\sqrt{-b+\frac{a^2}{4}}$
$x=-\frac{a}{2}\pm\sqrt{-b+\frac{a^2}{4}}$
おわり

図❹

「ねえ、クォークの方程式って、どうして解くのが難しいの？　私、高校で2次方程式の解き方とか習ったけど、もう『解の公式』っていうのがあって、公式に数字を入れちゃえば方程式が解けちゃうの。そういう、解の公式を見つけるのが難しいってこと？」

「まあ、究極的にはそれと同じやな。ええとこに気がついたやん。ほな、その2次方程式の解の公式ってどないして見つけられるか知ってるかぁ。まず、2次方程式をこういうふうに書くやろ」

そう言いながらパパは広告の裏紙に書き始めた。

「そしたら、このxを求めるには、まずbを右へ移して、それで両辺にaの2乗を4で割ったものを足して、それで、両辺が2乗になっているように持っていくわけや。そしたら解の公式が出る。こういうふうに式を変形するわけや。この式の変形を見つけた人は天才やな。ほんで、クォークの場合どんな式かというと、式は二つあって、こういう式やな」

私はドキドキした。だって、誰も解けてない方程式を見る

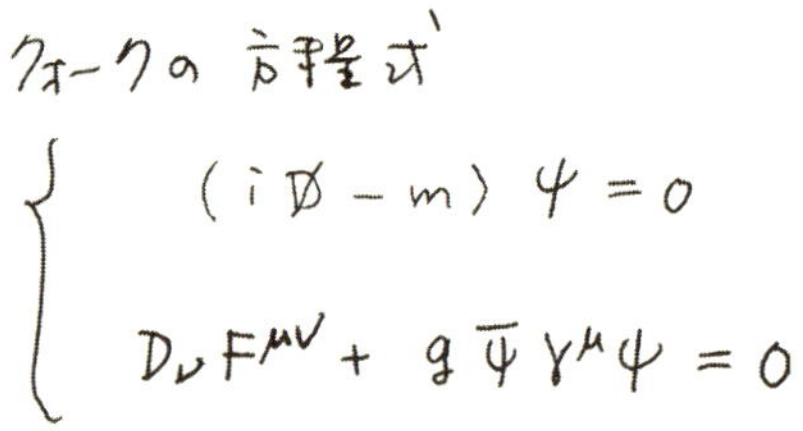

図5

の、初めてだから。パパはさっきの2次方程式に続けて、広告になんだか見慣れない文字？　記号？　を書き始めた。

「んん？　『ψ』？　見たことないよ。何て読むの？」

「これはプサイて読むギリシャ文字や。クォークを表す記号やけど、まあギリシャ文字の細かい意味とかは、今は気にせんでええわ」

　そうこうするうち、パパは全く短い式を二つ書いて、それでペンを置いた。

「これだけや」

「え、クォークの方程式って、これだけ？　こんなに短いのに誰も解けてないの？」

「せやな、短いのに解けてないところが、全く人を魅了するわけやな。特にこの二つ目の方程式は、1億円に直結してる。この方程式は、さっきの2次方程式を解くみたいに、うまーく変形して解かれてしまうのを、待ってるんや」

「これを解いたら、陽子の大きさがわかるの？」

「そや、それどころか、クォークちゅう素粒子にまつわるあらゆる不思議なことが解明されると思われてる。クォーク一つでは取り出せないこととか、な。まあ、解く、ゆうても、じつはさっきの2次方程式と同じように変形するだけやなくて、量子《りょうし》力学ちゅう面白い効果を取り入れて解かなあかんというところが難しいんや。量子力学は高校では習わんけど、20世紀の物理学の大発見で、まあ、これはまた今度どんなんか教えたる。今日はこれでおしまい、お休み～。明日はもうちょっと異次元ぽい話にしよな」

そう話すと、パパはスタスタと出て行ってしまった。意外とあっさりね。結局、今日教えてもらったのは5分くらいかもしれない。でも、なんだか、映画の予告編を見たような感じ！　なーんとなく、異次元に片足を踏み入れたのかな？　って感じも。

今日のパパの話のまとめ

- **クォークの方程式は、まだ世界で誰も解いたことがない方程式。**
- **異次元の考え方を使ったら、クォークがわかるかもしれない。**

【浪速阪《なにわざか》の日記】

7月 3日

うまくスペクトルが縮退しているのは超対称性のせいかもしれへん。気づいてみたら当たり前のことだが、どうも頭の中で先入観が先行していたようや。答えが先に見えていると、どうしてもそれに合うように論理を構築してしまう。これはあかん。どんな状況でそれが言えるのかを一般的な状況から検討することをいつも心がけんとあかん。

共同研究者のO君とY君から、良い議論がやってきた。とりあえずSUSYの低い系でやってみたらええやんというマイアイデアは浅はかやった。一般的にできるのならそれが一番ええ。今の場合、重いクォーク極限は実験ではとられへんから、格子《こうし》とかと比べられたら面白いはず。

おまけの異次元

❶ 1億円の懸賞問題

クレイ数学研究所のミレニアム問題には100万ドルの賞金がかかっており、およそ1億円に相当します。数学の問題の中に、クォークの問題が混じっているのは不思議に思われるかもしれません。しかし、現在の超弦理論の研究は、数学の発展を誘起したり、緊密に数学とつながりながら発展しているのです。ミレニアム問題のホームページでは、数学界のノーベル賞と言われるフィールズ賞を受賞した理論物理学者エドワード・ウィッテンが解説を書いています。

このミレニアム問題は「量子ヤン-ミルズ理論が数学的に存在することを示し、そこに質量ギャップがあることを示せ」というものです。問題は前半と後半に分かれています。特に後半が「クォークの閉じ込め」と関係し、物理的に面白いところとなっています。前半、後半と分けて、見ていきましょう。

前半は、量子的な場の理論が数学的に存在することを示せ、というものです。じつのところ、素粒子理論の物理学者が日常的に使用している「場の量子論」は、数学的に厳密な基礎づけができていません。場の量子論とは、量子力学で多粒子の生成消滅を記述するための理論で、素粒子の標準模型も場の量子論で書かれています。そこに数学的な基礎づけが無いというのは、大問題です。標準模型の場の量子論の根幹は、ヤン-ミルズ理論と呼ばれ、ちょうどさまざまな「力」を説明する部分です。このミレニアム問題がいかに重要な問題であるか、おわかりになるでしょう。

後半は「質量ギャップがあることを示せ」という文言です。場の量子論、さらに一般の物理の理論では、最も基礎的な物理量として「スペクトル」があります。これは、どのような質量の励起《れいき》が理論にありうるか、という表のようなものです。理論を決める式が与えられれば（場の量子論の場合にはラグランジアンと呼ばれます）、原理的にはそこからスペクトルが計算できるはずです。例えば、電磁気学では、光は質量がゼロで、質量スペクトルはゼロとなります。さて、ヤン-ミルズ理論では、ラグランジアンにはグルーオンと呼ばれる素粒子の場が書かれています。その質量はゼロであるように書かれています。しかし、量子的な取り扱いを完全に行えば、スペクトルには質量ゼロが現れないと考えられています。質量ゼロが現れず、有限の質量が現れてしまうことを、「質量ギャップがある」と呼びます。

グルーオンが無質量なのに、観測できる質量がゼロではないのはなぜでしょうか。これは、有名な「クォークの閉じ込め」の問題と関係しています。グルーオンもクォークも、色電荷《いろでんか》

（カラーチャージ）というものを持っています。ヤン－ミルズ理論で計算される物理量において、色電荷を持ったものはそのまま現れたりはしないと期待されており、このことを「色電荷の閉じ込め」と呼びます。クォークも色電荷を持っており、同様に閉じ込められると期待されるため、「クォークの閉じ込め」と呼びます。クォークの色電荷をキャンセルできる反対の色電荷を持った反クォーク（クォークの反粒子）が、クォークと同時に現れるときだけ、観測できるのです。つまり、クォークは反クォークと一緒にしか現れない、と考えられています。このペアが「メソン」（中間子）と呼ばれる観測粒子です。ヤン－ミルズ理論のグルーオンも同様で、グルーオン一つだけでは出現できず、他のグルーオンと組になって、色電荷を消した形でスペクトルに現れるはずです。この組のことを「グルーボール」と呼びます。無質量のグルーオン一つではなく、多数のグルーオンがぐるぐるお互いのまわりを飛び合って、全体としては内部エネルギーのために、質量を持つようになるはずです。これが「質量ギャップの出現」です。

もちろん、お互いのまわりをぐるぐると飛び回るという古典的な描像《びょうぞう》は正しくありません。量子力学的に多体問題が解ければ、質量ギャップがどの程度なのかを知ることができます。現在では、スーパーコンピュータを用いて、質量ギャップの数値計算が行われています。ヤン－

ミルズ理論の定義式であるヤン‐ミルズのラグランジアンから出発し、その量子力学的な取り扱いを数値計算で置き換えることで、理論の仕組みを数値的に知ることができるのです。大変面白いことに、数値計算の結果、質量ギャップが存在することがわかってきました。さらに、本書の中盤で出てくるように、実験で測定されているさまざまなメソンの質量もスーパーコンピュータで再現できるようになってきました。

このように、ヤン‐ミルズ理論が正しく自然を記述していることは疑いようがないのですが、一方で、数学的にそれをきちんと示すことは、大問題なのです。世界中の研究者がこの問題や関連する問題に取り組んでいます。

第2講義

異次元が見えていないワケ

次の日の夜、パパはノートを2冊持ってきた。ソファでだらだらしながら1冊目を見始めたので、何それ、と聞いてみた。

「あ、これはな、パパ自筆の講義ノートや。パパ時々出張するやろ、あれは他の大学で講義したりするんやけどな、この講義ノート見ながら講義するんや」

「何の講義ノート？　物理？」

「パパは物理が専門やから物理やけど、もうちょっと細かく言うとな、異次元物理と超ひも理論の話」

ノートはルーズリーフみたいに綴《と》じてあって、きちんとページ番号が各ページについていた。中は数式がいっぱい並んでいる。異次元物理のノートで講義してるパパの姿を想像してみたけど、難しい。

「よーし、ほな今日はちょっと異次元の話をしてみよか。まずは、美咲、この世が何次元か知ってるか。3次元や。『たて、よこ、たかさ、の3次元』ていうふうに、この世の空間にはお互いに直角に交わってる三つの方向があるやろ。空間は3次元や。体積を求めるとき、この三つをかけるやろ。三つかけるということを、3次元と数えるんや」

パパはそう言って座標軸を描き始めた。

「学校でもよくこうやって座標軸描くやろ。で、もし異次元があったとしたら、座標軸に四つ目があることになる。こんなふうにな」

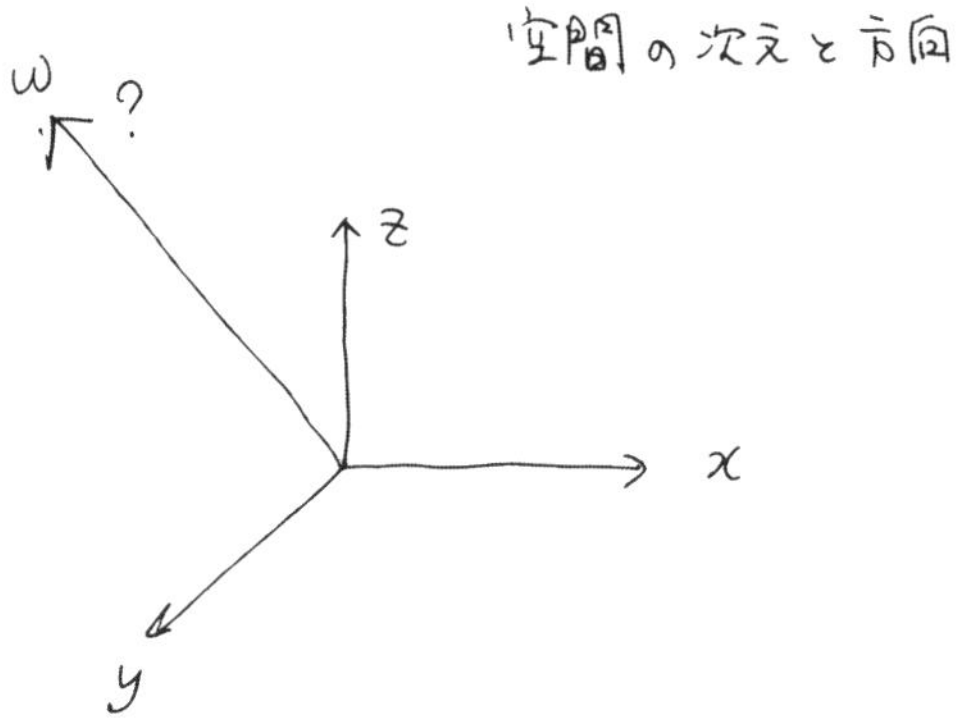

図❻

四つ目の軸！　それって、どっち方向なんだろう。そんな方向は無いよ。たて、よこ、たかさ、それぞれの方向はお互いに直角だから、かけ算になる。でも四つ目の方向は、無い。というか、想像できない。たて、よこ、たかさ、の方向の全部に直角な方向って、どっち？

「パパはこうやってパァッと勝手に4本目の軸を書いたけど、その軸の方向が、異次元の方向や。想像するのは難しいやろ。どないして4次元目を想像したらええか、ちょっと考えてみよ」

パパはある本を取り出した。ブルーバックスの『2次元の世界』という本。かなり古い感じ。

「この本は、アボットっていうイギリスの校長先生が書いたファンタジー小説や。かなり昔の本やけど、パパはこれ、傑作やと思てる。異次元の研究に最適な入り口になるんや。どんな物語かというとな、まず、主人公は2次元の世界の住人なんや。2次元、ちゅうのは、例えば紙の上の世界や。で、すべてが2次元に閉じてしもてる。人も2次元やし、家も2次元。おもろいやろ。この人たちは2次元に住んでるから、3次元が想像でけへんのや。3次元目が異次元やからな。でもな、読んでる僕らは3次元想像できるやろ。異次元がわかるんや」

「2次元人の気持ちになればいいってこと？」

「そうそう。物語の面白いところは、この2次元人の世界に、3次元人がやってくるところや。2次元人にとっては、2次元しか見えへんから、こんなふうに3次元人の切り口しか見えへんことになる」

パパはそう言って、球を輪切りにしていくような、病院のCTスキャンの写真みたいなのを描いた。そして変なことを言いだした。

「まず、人間を球とおく」

「人間は球じゃないよ!?」

「いや、単純化のために、そう『おく』んや。物理の説明ではようあることや。気にしたら負けやで。それでな、3次元の人間は、切り口によって形が違うやろ。で、上から順番に切り口を降ろしていくと、しまいには消えて無くなるやろ。2次元人はそれを見て全く驚いたんやね。つまり、人が消えたりするわけやから。こんなふうに2次元に閉じ込められている人にとっては、異次元方向に動くことがでけへんから、そっち方向に動くということは切り口を見てるということになるわけや。それで、切り口は出たり消えたりするわけや」

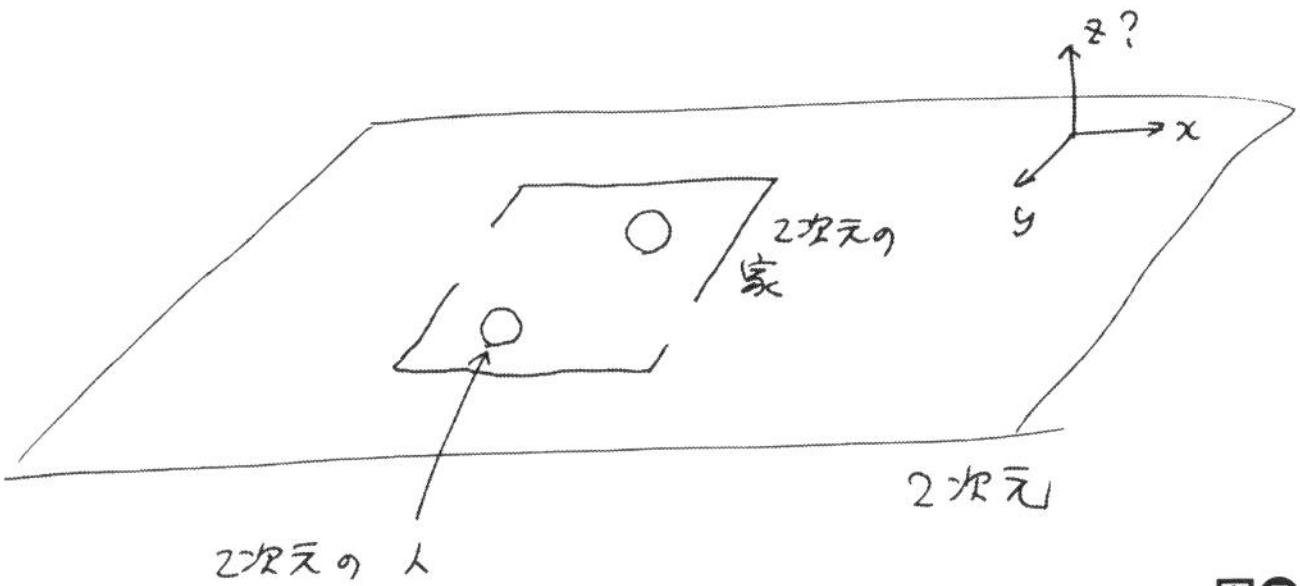

図❼

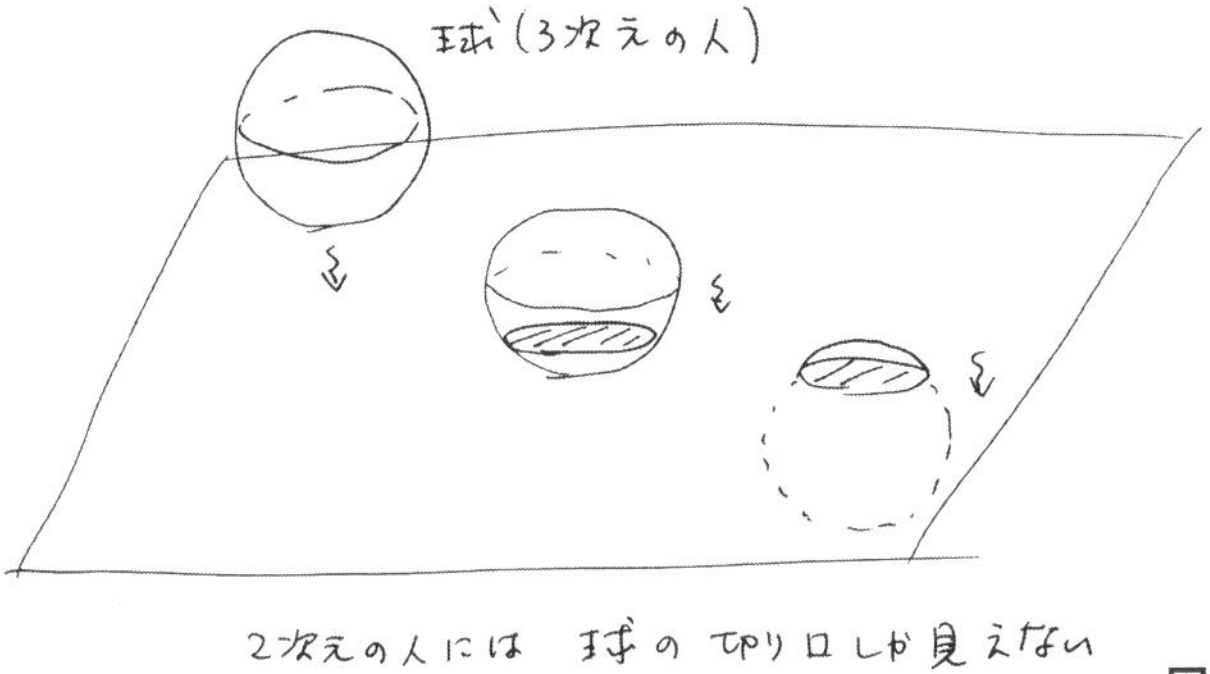

図❽

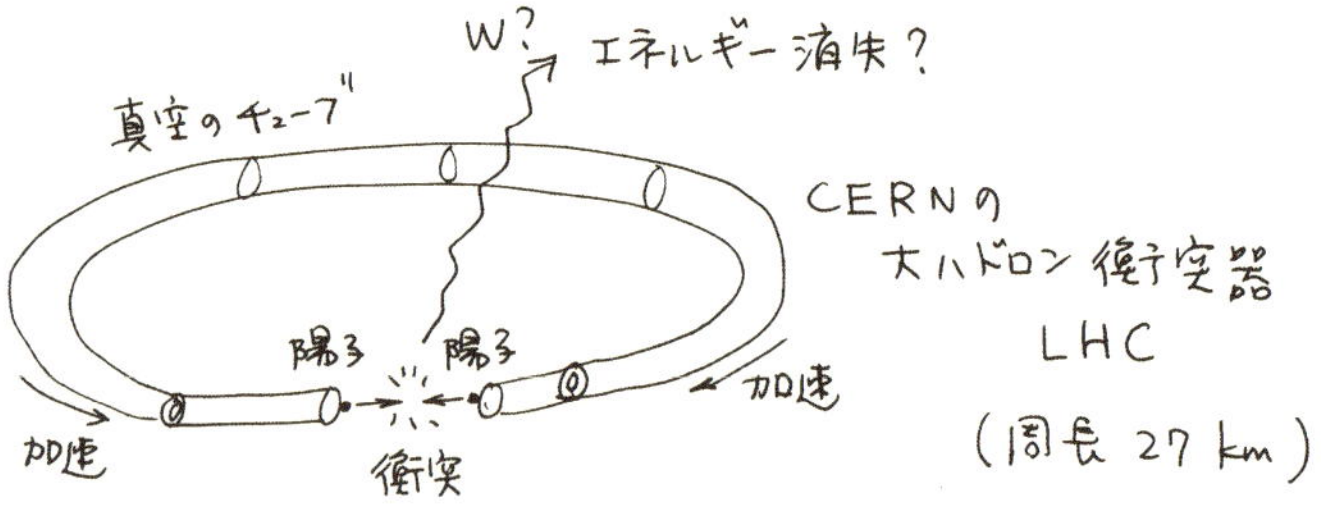

図❾

「じゃあ、私の3次元の場合も、異次元がもしあったとして、その異次元にも広がるモノがあったとすると、その切り口しか見えないっていうこと？」

「当たり！　しかも、その異次元にも広がるモノは、消えてしまうように見えたりするわけ。物理学には有名な、エネルギー保存の法則、っていうのがあるんやけど、もしモノが消えてしまったら、エネルギーが保存せんことになって、そりゃ大変なことになってまう。そやから、異次元があるかないかは、エネルギーが保存しているかどうかをチェックすれば調べられるんや」

「そんなこと調べてる人、世の中にいるの？」

「それがやな、いっぱいおるで。ヨーロッパのCERN《セルン》ちゅう実験施設で、何千人も働いている大きな実験がある。LHCっちゅう超巨大な粒子加速器があるんや。大ハドロン衝《しょう》突器《とっき》って呼ばれてる。それをつこて、エネルギーが消えてまうことがあるかどうか、日夜実験されているんや」

「そ、それで、エネルギー消えたりした!?」

「候補の現象は見つかってると聞いたで。でもな、素粒子物理学では、一回それが見えたとしても、ホンマにエネルギーが消えてるかどうかは、慎重に慎重を重ねて検討してるねん。一秒間に何千万回という実験を繰り返して、確からしいかどうかを調べる。その結果、まだエネルギーが消えたという結論にはなってへん」

「なーんだ、残念。異次元見えてたらスゴいのに。ま、そうすぐには見つからないもんなんだろうね」

「異次元はなんで見えへんのやと思う？　パパは、二つの可能性があると思う。第1の可能性として、『異次元方向には進めない』。つまり、僕らの『感覚』は3次元空間にとどまってしまってて、異次元方向には到達せえへんという考え。これは、さっきの2次元のファンタジー小説の考え方やね。ほんで、第2の可能性は、『異次元方向には進めるんやけど小さすぎて見えへん』。異次元方向が、この絵のように小さく丸まっていると考えたとするやろ。そしたら、ホンマは異次元の方向があるのに、見えへんことになるやろ」

「うーん、この絵は何次元？　丸い方向が異次元ということ？」

「そうそう、丸まっている方向が異次元で、左右の伸びている方向が、僕らが住んでいると思っている3次元空間やと思って。ちょっと例で示そか。そやな、例えばこの広告の紙は2次元の紙やけど、」

　パパはそう言って広告をペラペラと振った。そしてそれを固く巻き始めた。巻き終わるとそれ

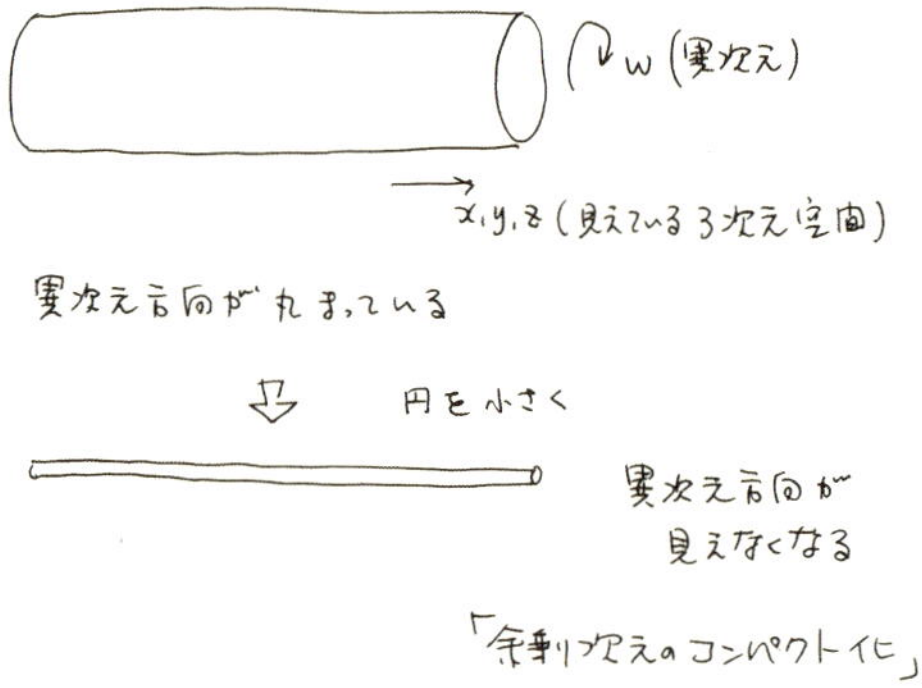

図⑩

は棒のようになった。

「もともと2次元の紙やけど、こうやって巻いてしまって、それを遠くから見ると、1本の線みたいに見えてしまうやろ。これが、2次元が1次元に見えてしまうということや。けどよーく近くで見ると2次元になっているのがわかる。例えば、この巻いた紙の上を歩くアリさんは、実際2次元やと思って歩くやろ。でも人間の大きさから見ると、これはもう1次元の線や。つまり、見ることのできる大きさには実験の限界があって、それよりも小さく巻かれている異次元は見えへんのや」

「じゃあ、アリみたいな実験すれば、異次元がわかったりするかも、ということね」

「そうそう、小さいのを拡大して見る、みたいな。異次元が丸まっているという考え方を、パパの研究業界では、『余剰《よじょう》次元のコンパクト化』って呼んでる」

　余剰次元！　コンパクト化！　スゴく難しい言葉が出てきたけど、なんだか簡単だ。余剰次元っていうのは見えていない異次元のことで、コンパクト化は紙を丸めることだもの。私、明日から自分でいろんなものをコンパクト化してみよう。ノートとか、教科書とか。研究よ、研究。そうしたら、異次元がどんなふうに丸まっているか、わかってくるかもしれない。多分わからないだろうけど。でも、実験よ。

「ほな、今日はここまで、な。明日は、次元をどうやって実験で数えるか、教えたるで」

今日のパパの話のまとめ

- 異次元に逃げていくエネルギーを見る実験をしている研究者がいっぱいいる。
- 異次元が見えてないのは、進めないか、丸まっているか。

【浪速阪《なにわざか》の日記】

7月4日

いくつか論文を当たってみると、昔のMの論文にきちんと縮退のことがmentionされていた。やっぱりそういう眼で探せばきちんと昔にやられていたことがわかる。まあ$N=2$でやっていたんだから仕方ない。けど視点が今は違うのだから、違う視点でより一般的に攻めてみないといけない。AdS時空だとコンフォーマルだという要請だけだから、特に超対称性を保たなくてもいい。いや、AdSも壊したほうがいい。どないしよかな。

まあ、少し一般的なジオメトリで計算を進めたほうがいい。一般的と言ってもかなり一般的にすると計算が収束しない。どうしようもない。上手い切り口が無いか？

こういう、ちょっと試行錯誤で進んでいる時の快感がほんま、癖《くせ》になってる。物理を生業《なりわい》にしてる以上、マニアックな職業病かもしれんけど、多分こういう感覚は、生み出された後の快感を知っているからこそ、苦痛が快感になってるんやと思う。ええとこをもっと味わっていたい、と思う時もある。もちろん、試行錯誤ばっかりやったら、論文でけへんけど。

美咲にコンパクト化を説明。明日から毎日コンパクト化の実験をすると言っている。授業をまじめに聴いた上で、実験したほうがええで、と念を押しておいた。

❷ 空間の丸め方

空間を丸める、というと、どんなことを想像するでしょうか。最も想像しやすいのは、例えば紙をぐちゃぐちゃに丸めて捨てるときでしょうか。

紙は縦と横の2方向で、二つの座標を指定すれば紙の上の位置が決まります。ですから、2次元空間と言えます。それをぐちゃぐちゃにすれば、確かに小さな2次元空間の出来上がりですね。

しかし、普通の紙には、端があります。端があるということは、もともと大きさが有限だということです。有限のものを更に小さく有限にすることも大事かもしれませんが、もう少し難しい問題として、我々の知覚できる非常に広い無限の3次元空間のようなものを、有限の大きさに「丸める」にはどうすればよいか、という問題です。

一番簡単な、無限に大きな空間の例として、直線があります。直線の上に目盛りを書けば、それが座標となり、座標がプラスの無限大からマイナスの無限大まで続きます。これが無限に大きな空間です。このような空間を丸めて有限にするには、どうすればよいでしょう。「丸め

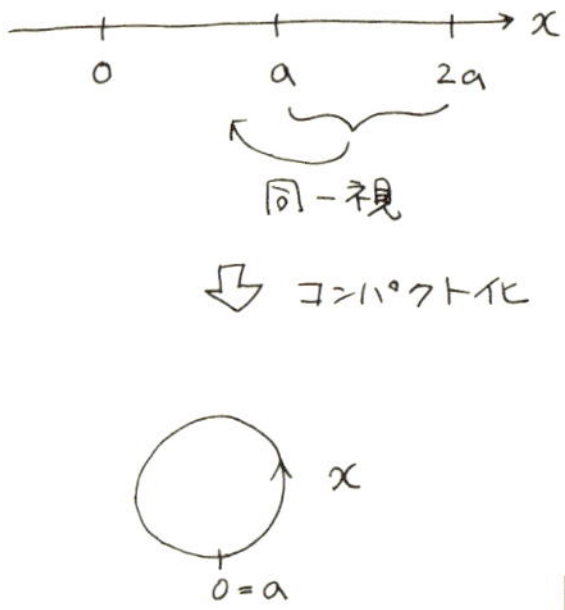

図a

る」という言葉からもわかるとおり、この直線を曲げてぐるっと回し、直線の他の部分と重なるようにすればよいのです。

これは、数式では、座標xと座標$x+a$（aはある定数）を同一視《どういつし》する、という操作になります。この同一視をすると、面白いことに、$x+2a$も$x+3a$も全部同じ点を表すことになります。つまり、xは0からaまでの値だけをとると考えてよいのです。無限に長い直線が、有限の区間になりました。このような操作を、コンパクト化と呼びます。

この操作のよい点は、先ほどの紙の例のように有限にするために境界があったりはしないことです。向こうに行くと反対側から戻ってくるので、境界（端）がありません。なので、面倒な「端の状況」を考える必要がありません。

さて、出来上がった空間は、ちょうど円周のようになっています。a進むと、元に戻ってきます。円周は、直線ではなく曲がっていますね。しかし、xと$x+a$を同一視するとい

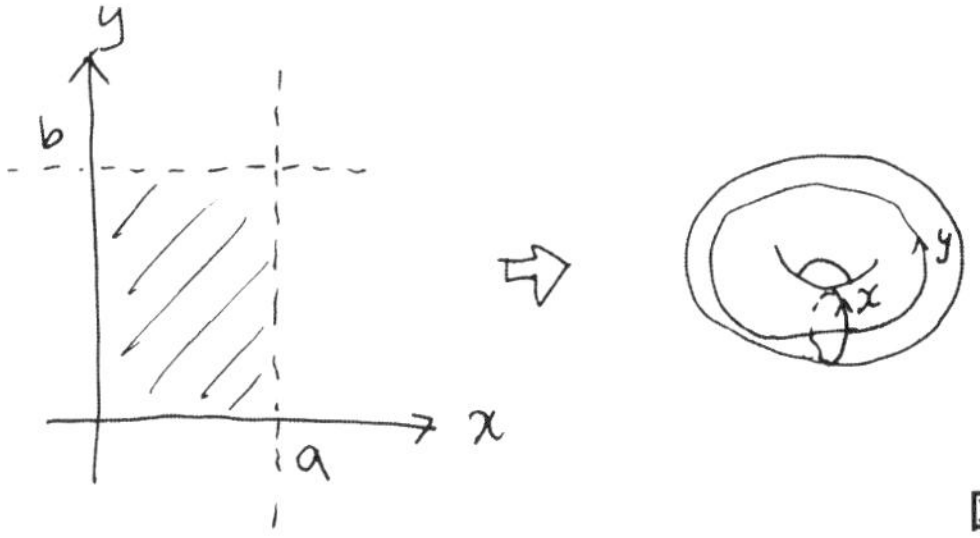

図b

う操作は、特に直線を曲げなくてもよいことに気をつけましょう。a進むと元に戻ってくる、と考えるだけで、直線のままでよいのです。

同じようなコンパクト化は、1次元の直線でなくても、2次元の平面でも可能です。この場合、xとyの二つの座標がありますが、xと$x+a$、yと$y+b$をそれぞれ同一視すれば、$a\times b$の大きさの有限になった空間が生まれます。同様の操作は、3次元、4次元、何次元でもできることがわかります。こうやってできた有限の大きさの空間を「トーラス」と呼びます。円周は、1次元球面と呼ばれますが、この理由から1次元トーラスと呼ぶこともできます。

さて、有限の大きさの1次元空間を作るには、トーラスにする代わりに、境界を導入して、線分を考えることもできます。座標で説明すると、長さaの線分の場合、xは0からa

までの値をとりますが、0やaの点で空間が終了しており、そこから先には行くことができないような状況です。

このような空間をコンパクト化空間として考える場合、線分の端点がどういう状況になっているかを指定する必要が出てきます。この空間の上を運動する波を考えるとき、波が端点でどのような条件に従うか、などです。境界で与える条件を「境界条件」と呼び、境界がある空間上で物理を考えるときには必ず問題になります。

有限区間の上の波の場合、代表的な境界条件として、固定端《こていたん》境界条件と、自由端《じゆうたん》境界条件があります。固定端境界条件とは、縄跳びのひもの振動のように、波の高さが端である値に固定されているような状況です。一方で、自由端境界条件とは、プールの水面波がプールの端で反射されるように、端では波の高さはある値に固定はされていませんが、波の面が水平になっているような状況です。このように、境界がある有限な空間の場合、境界条件によって、その内部で許される波の性質が決まります。

ところで、超弦理論は、粒子が小さなひもであると仮定する理論です。ひもの運動は、一定の長さの上を振動する方向と幅で決まります。ひもには2種類を考えることができます。線分のような「開いたひも」と、円周のような「閉じたひも」です。開いたひもには、もうおわかりのように、境界条件に応じていろいろな種類があります。自由端境界条件を置いたものが、自由に運動できるひもです。一方、固定端境界条件を置くとどうでしょうか。ある場所に端が固定されたひもが実現されます。このひもは、振動する以外には自由には動き回れないので、局在化した特殊なものを考える場合に適しています。

じつは、このような考えから、高次元空間の中に局在化した部分空間があり我々はその部分空間に閉じ込められているのだ、とする仮説「ブレーンワールド」が現れるのです。ブレーンワールドについては、本文では第7講義で説明しています。

第3講義

空間の次元を力で数えよう

「あー、まいった、まいった、どないしよ、どないしよ」

パパがまたウロウロしている。けど、今日のウロウロはちょっといつもと違うみたい。早足で、ウロウロというより右往左往《うおうさおう》している。せかせかとパソコンの前に座り直して、腕組みして眉間にしわを寄せている。画面を見ては、上を向いたり横を向いたり。それで、最終的にはパソコンで何かカチャカチャ書き始めた。しばらくキーボードをガタガタと言わせていたら、大きく溜め息をついた。何かの作業が終わったのかな。パパはすごく汗をかいている。

「何か問題発生？　楽しいこと？」

「いやー、いやー、いやいや……あんな、パパが今研究している内容にむっちゃ近い内容の論文が出てしもたんや。書いたのはロシアの人やな」

「そしたらパパの考えてることがそのロシアの人も考えてたってことだから、よかったじゃん、変なこと考えてなくて」

するとパパはブンブン横に手を振った。

「ちゃうちゃう。ちゃうで。変なことを考えるのが物理学者やで。ちゅうか、変なことやなくて、人と違うこと、や。はー、もうガックリやわ」

「じゃあパクられちゃったってこと？」

「いやパクリやないよ。まあ世界も広いから、たまたま、同じ時期に同じアイデアを思いついたちゅうことなんや。それにしても急がなあかん。今晩は徹夜やな、久しぶりに」

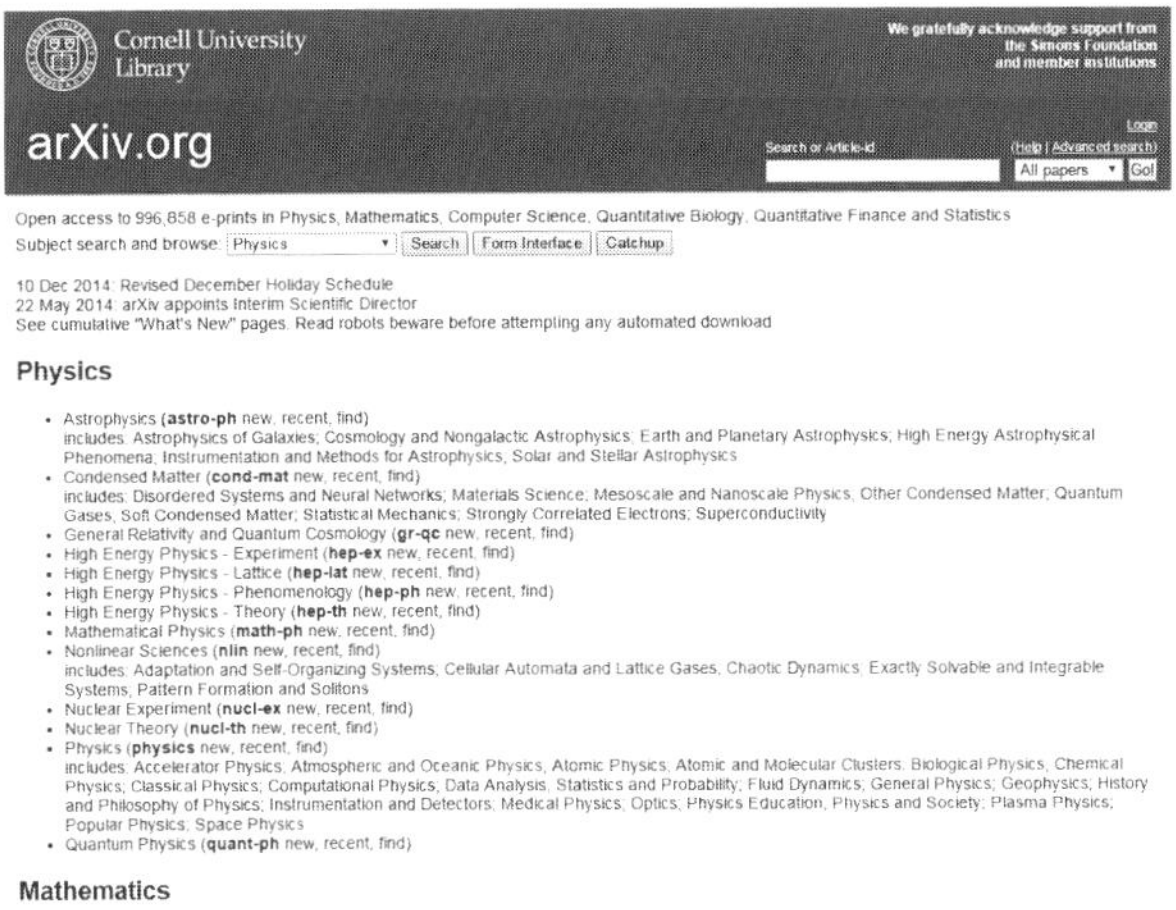
Cornell University Library

We gratefully acknowledge support from the Simons Foundation and member institutions

arXiv.org

Login

Search or Article-id (Help | Advanced search)

All papers Go!

Open access to 996,858 e-prints in Physics, Mathematics, Computer Science, Quantitative Biology, Quantitative Finance and Statistics

Subject search and browse: Physics Search Form Interface Catchup

10 Dec 2014: Revised December Holiday Schedule
22 May 2014: arXiv appoints Interim Scientific Director
See cumulative "What's New" pages. Read robots beware before attempting any automated download

Physics

- Astrophysics (**astro-ph** new, recent, find)
  includes: Astrophysics of Galaxies; Cosmology and Nongalactic Astrophysics; Earth and Planetary Astrophysics; High Energy Astrophysical Phenomena; Instrumentation and Methods for Astrophysics; Solar and Stellar Astrophysics
- Condensed Matter (**cond-mat** new, recent, find)
  includes: Disordered Systems and Neural Networks; Materials Science; Mesoscale and Nanoscale Physics; Other Condensed Matter; Quantum Gases; Soft Condensed Matter; Statistical Mechanics; Strongly Correlated Electrons; Superconductivity
- General Relativity and Quantum Cosmology (**gr-qc** new, recent, find)
- High Energy Physics - Experiment (**hep-ex** new, recent, find)
- High Energy Physics - Lattice (**hep-lat** new, recent, find)
- High Energy Physics - Phenomenology (**hep-ph** new, recent, find)
- High Energy Physics - Theory (**hep-th** new, recent, find)
- Mathematical Physics (**math-ph** new, recent, find)
- Nonlinear Sciences (**nlin** new, recent, find)
  includes: Adaptation and Self-Organizing Systems; Cellular Automata and Lattice Gases; Chaotic Dynamics; Exactly Solvable and Integrable Systems; Pattern Formation and Solitons
- Nuclear Experiment (**nucl-ex** new, recent, find)
- Nuclear Theory (**nucl-th** new, recent, find)
- Physics (**physics** new, recent, find)
  includes: Accelerator Physics; Atmospheric and Oceanic Physics; Atomic Physics; Atomic and Molecular Clusters; Biological Physics; Chemical Physics; Classical Physics; Computational Physics; Data Analysis, Statistics and Probability; Fluid Dynamics; General Physics; Geophysics; History and Philosophy of Physics; Instrumentation and Detectors; Medical Physics; Optics; Physics Education; Physics and Society; Plasma Physics; Popular Physics; Space Physics
- Quantum Physics (**quant-ph** new, recent, find)

Mathematics

arXiv（アーカイブ）のホームページ http://arxiv.org

パパは肩を落としている。どうして徹夜しないといけないのかな。

「あんな、物理の研究業界では、誰がそのアイデアを最初に出したか、ちゅうのが、イチバン大事なことやねん。ノーベル賞もそれで決まってる。そやから、アイデアは論文にして、インターネットで公開することになってるんや」

パパはそう言って、パソコンの画面を見せた。それはシンプルな白と赤のホームページで、ぜんぶ英語で書かれていた。

「このホームページは『ａｒＸｉｖ《アーカイブ》』ゆうてな、物理の研究者が新しい論文を発表するホームページやねん。これで、誰がいつどういう論文を出したか、ちゅうのが全部わかる仕組みになってる。ほいで、パパが自分のアイデアをこのロシアの人とは独立に思いついたんや、って主張するためには、すぐにでもパパの考えたことをこのアーカイブに載せなあかん。そやないと、独立とは思われなくなってしもて、パパの研究が死んでしまうんや」

研究が死ぬ？　それどういうことだろう。生物の実験だったら、メダカが死ぬとかそういうのわかるけど、物理の式の研究で、死ぬとか、よくわからない。

「パパのような理論物理の研究者は、アイデアに基づいて計算をして、計算と式でアイデアを確かめて、そんで論文を書くんや。アイデアの発表で人に先を越されると、自分の考えて計算してきたことが全部パァになってしまう。無駄骨になるんや。そやから、もう、一日を争う事態になってしもたんや。このままではパパのアイデアが死んでしまう」

「パパ、今からパパの論文をアーカイブに載せて！　今すぐ！」

「いやーそれがやな、まだ原稿書きかけやってん。はぁ。原稿が半分ちょっとしかできてないんやわ。後は計算ノートをまとめたもんしか無い。この2冊目のノート」

そう言って、昨日見せてくれた講義ノートとそっくりな、2冊目のノートをパパはポンとたたいた。

「まあ、しゃあないから、さっきパパの共同研究者にメール書いたとこ。分担してこれから必死に書こうや、ってな。共同研究者から連絡来たら、書き始めることにするわ。ふぅー」

パパはソファーに座り込んでしまった。物理の研究の世界って、意外にシビアだ。毎日ジーパンとTシャツでウロウロしてるだけかと思ったら、こんなに全世界で競争になってるなんて。なかなか神経が図太いか鈍《にぶ》くないと、やっていけそうにないね。パパはかなり鈍いからやっていけるんだ、きっと。


「ホンマ、しゃあないから気分転換に、昨日の次元の話の続きを5分くらいするか」

「しゃあない、とは失礼よね。でも、パパの気分転換にもしてちょうだい」

「よーっし。昨日は確か、異次元が見えないとかいう話をしたけど、今日は、次元をどう数えるかっちゅう話をしよう」

「次元を数えるなんて、当たり前よね。だって、例えば、たて、よこ、たかさの3次元って、もう知ってるでしょ。見えるから」

「その、見える、ちゅうのがどういうことかを、もうちょい考えてみたほうがええよ。昨日の、異次元が見えへん、ちゅう話も、見えへんから面白いわけや。見えるとか見えへんとかはどうやって決まってるんやろ、ちゅうことがわからんと、異次元が見えへん理由もわからんやろ」

たしかに……この世が3次元、って当たり前に思っていたけど、私はどうやってそれがわかっているんだろう？

「じつは、次元ちゅうのは、力の伝わり具合でわかるんよ」

パパはそう言って、ボールペンを分解し始めた。ボールペンの芯を引き抜くと、そこには長いバネが入っていた。

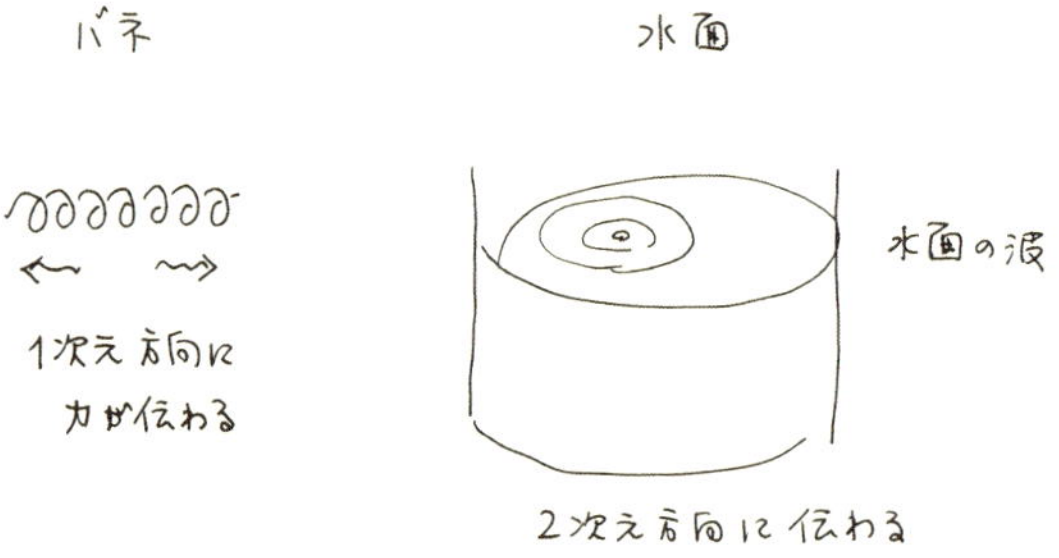

図⑪

「バネは力を前後にだけ伝える。右端で押したら、同じ強さで左端が動く。これは、1次元ということや。それとな」

パパは私を風呂場に連れていった。お風呂の残り湯に水を一滴落とすと、綺麗《きれい》な波紋が広がった。

「水面は力をまあるくまわりに伝えるやろ。水滴が真ん中で水面を押し出す力は、まわりに行けば行くほど小さくなって、消えてまう。これは、2次元ということや。つまり、力が伝わっていく強さがどういうふうに減っていくか、ちゅうのを測れば、何次元かがわかる、ちゅうわけ」

「どうしてそんな、ややこしいことをするの？　見る方向をぐるっとすれば、空間は3次元ってわかるでしょ」

「それはな、力の伝わり方にはいろんな種類があるから、それを全部を決まった物差しで測ってあげへんと、結局比べられへんからや。それに、例えばな、2次元でも3次元でもなくて、2・5次元とか考えたくなったら、ぐるっと見渡すような考え方やと、どないしたらええかわからんやろ」

え、次元って整数じゃないの？　私はびっくりして、言葉

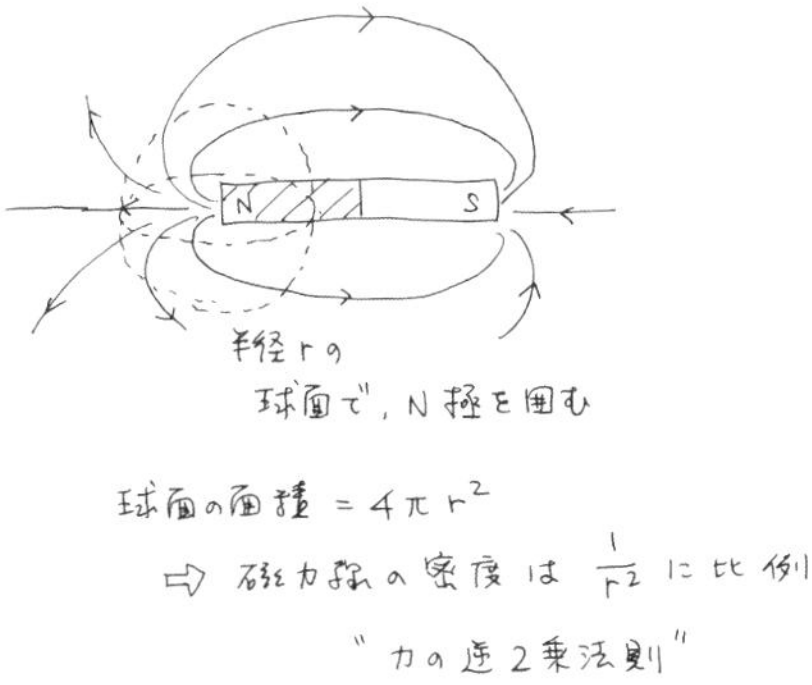

図⑫

が出なかった。確かに、4次元とか考えてもいいなら、分数とか小数とかの次元も考えてもいい。マイナスの次元とかどうかな？　あ、これはパパに聞く前にちょっと自分で考えてみよう。

「小数の次元の話は置いておくとして、とにかく、力の伝わり方で次元を測るということや。その結果、まあ全部まとめて言うと、この世界は3次元であるということが実験でわかっている、ちゅうこと。その実験ちゅうのはね、磁石の実験」

　パパは引出しから棒磁石を取り出した。

「これ懐かしいやろ。小学校で、砂鉄を使って棒磁石で遊んだの覚えてるか。棒磁石の上に紙を置いて、その上に砂鉄をまく。ほいだら、砂鉄が綺麗に並んで、線みたいなんが見える。それが磁力線やな。磁石に近いところほど磁力線の数が増えて、N極とS極が磁力線でつながってるやろ。それを絵に描いてみよ」

　スラスラと棒磁石の絵を描いて、その端っこから磁力線がどんどん伸びた。パパはこういうイラスト系の絵が得意みたい。まあ毎日、研究で描いてるからかな？

「ところで、極から磁力線が伸びてるやろ。この極を囲む、半径rの球面を考えたとすると、その球面の面積は4πかけるrの2乗、って知ってるやんな。rが大きくなると、球面の面積は2乗で大きくなる。でも、磁力線の数は一定やから、球面を貫く磁力線の密度は、rの2乗に反比例するやんね。つまり、球面上の単位面積当たりの磁力線の数は、rの2乗に反比例するわけ。そやから、N極とS極の間の力は、rの2乗に反比例する。これを、力の逆2乗法則、って言うねん」

「逆2乗法則、学校で習ったよ！　万有引力の法則」

「そう、それそれ。ニュートンの万有引力の法則は、二つの星の間に働く重力が、星の間の距離の逆2乗に比例しているという法則、やね。それと、逆2乗法則はもう一個ある。クーロンの法則、や。クーロンの法則は、二つの電荷の間に働く電気の力が、やっぱり距離の逆2乗に比例している、って法則やね。これらはどちらも、正確に逆2乗法則になっていることが実験で確かめられてるんや。磁力についても、そう。ちゅうことは、さっき説明したことを逆向きにたどると、これは、力が球面を均一に通ってる、ちゅうことになるわけ。けど、球面の面積がrの2乗に比例するのは、じつは空間が3次元やから、やで」

「え？　空間の次元が違ったら、面積の公式が変わる？」

「そやで、そやから、逆2乗法則が確かめられるちゅうことは、空間が3次元やってわかる、ち

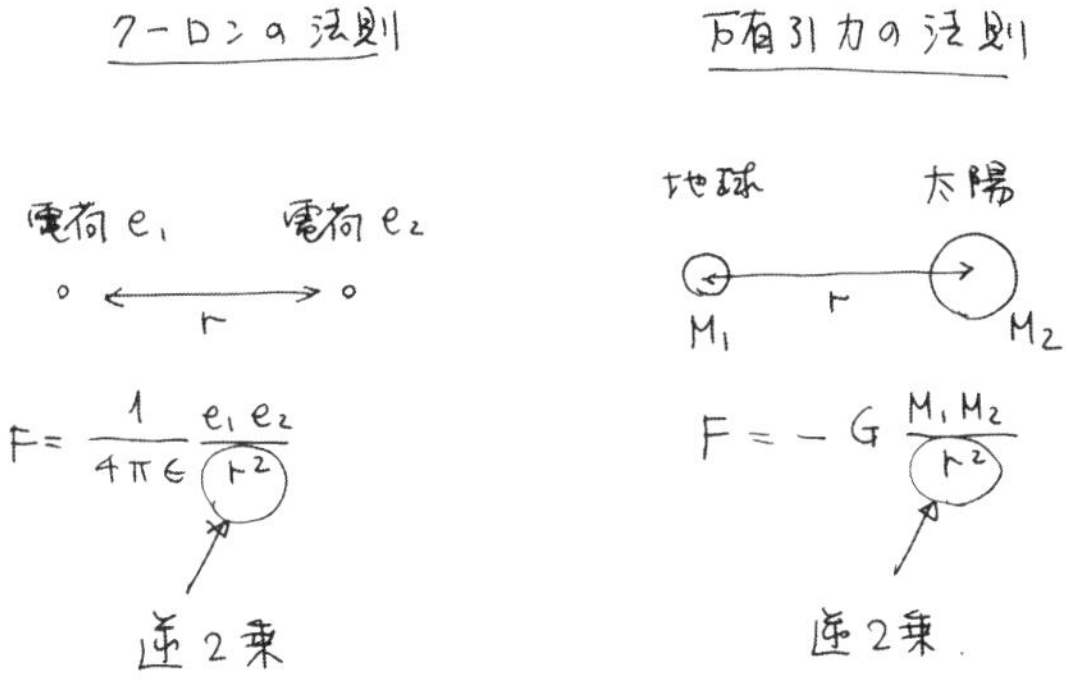
クーロンの法則
電荷 e1
電荷 e2
r
F= 1/4πε e1e2/r2
逆2乗
万有引力の法則
地球
太陽
M1
M2
r
F = − G M1M2/r2
逆2乗

図⓭

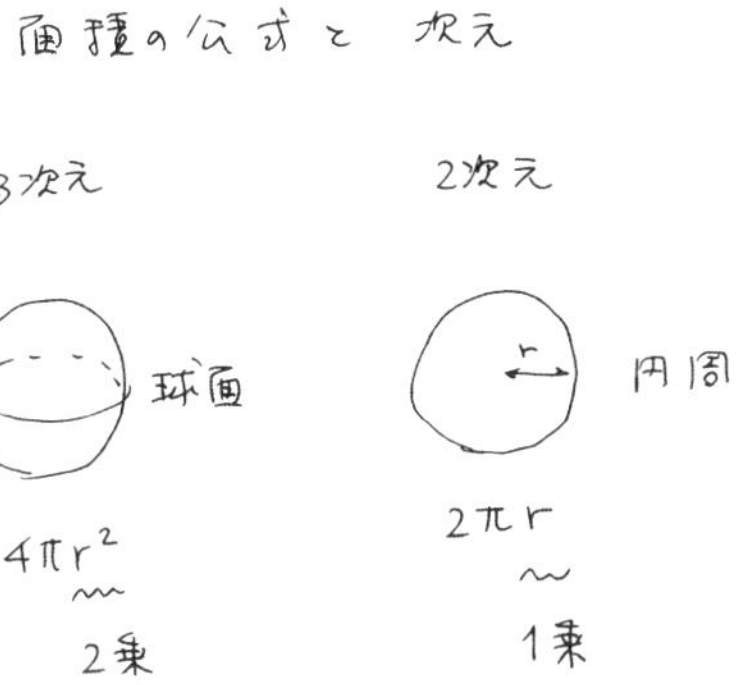
面積の公式と次元
3次元
2次元
球面
r
円周
4πr2
2乗
2πr
1乗

図⓮

ゆうことになるんや。例えば、やな、もし空間が2次元やったとするやろ。そしたら、極を囲むのは、球面やなくて、円周になってしまう。すると、円周の面積は$2\pi r$やから、クーロンの法則が逆2乗やなくて逆1乗になってしまうんや」

「あ、ほんとだ！　じゃあ、じゃあ、もしこの世界が4次元空間だったら、逆3乗法則になる？」

「大正解！　冴《さ》えてるなあ！　そういうことになるんよ。けど、今までのどの実験でも、重力や電気、磁気の力は、全部逆2乗法則に従う、と観測されてる。つまり、空間は3次元やということが、実験でわかってるんや」

なるほど、力の働く大きさを測れば、その間の空間が何次元かがわかるなんて！

あれ？　例えば、空間が1次元だったら、力は逆ゼロ乗法則になる？　1次元は、バネってパパが言ってたけど、力がrの逆ゼロ乗ってどういうことだろう。たしか、どんな数でもゼロ乗は1になる、って数学で習った。だから、rのゼロ乗は、1。つまり、逆ゼロ乗法則というのは、力がrと関係なくなるということね。そっか、バネだから、距離が離れても力はそのまま伝わるから、rと関係なくどこまでも同じ力、というわけね。私って天才！

「どんな実験も逆2乗法則を確かめてるっていうのは、すごいね」

「まあ確かにすごいけど、逆にゆうたら、残念でもあるわ。いろんな種類の力がこの世にはあるのに、それぞれでおんなじ逆2乗法則、っちゅうのもなあ」

「でも、逆2乗法則で決まりね」

「いやいや、例えば重力の逆2乗法則は、たかだか、rが1ミリよりちょこっとちっちゃいところくらいまでしか実験では確かめられてへんのや。重力はむっちゃ弱いから、測定するのが大変。重くてでっかい鉄球を二つ持ってきてな、それを近づけたりして、そーっと測るわけ。でも今のところ、確認の限界が、1ミリくらいなんよ。そやから、ひょっとすると、1ミリより小さい世界では、重力が逆2乗法則からずれているかもしれへん」

「へぇー、1ミリよりちょっと小さいくらいって言ったら、シャーペンの芯くらいね。そのくらいの大きさで異次元が見えてるって、おかしくない？　だって毎日シャーペン使ってるけど、違和感無いもの」

「ははは、それはやな、シャーペンで字を書くのは、ぜーんぶ電磁気の力を使ってるからや。重力は何一つ使ってない。シャーペンを持てるのも、その先を動かすのも、もとをただせば全部、電磁気の力を使ってるんや」

「えー、なんか、ひどい。電磁気の力と重力で、違う力だからそれぞれ逆2乗と逆3乗で分かれてもいいっていうわけ。そんな都合のいいことが起こるって思うの？」

パパはニヤニヤして、

「美咲はホンマええトコを突くなあ。そういう感覚はむっちゃ大事やで。確かに都合ええ感じするやろ。でもな、じつは、超ひも理論ちゅうのを考えると、電磁気と重力で違う次元の空間を伝わる、っちゅうのが自然に出てきたりするねん。不思議やろ。これはパパの研究分野で、『ブレーンワールド』って呼ばれてるんや。ま、超ひも理論の話はまた今度な。ほな、パパは共同研究者からメールが返ってきてるか見に行くわ。今日はこれでおしまい。お休み」

力によって次元が違うかもしれない！　そうね、水面の力とバネの力も違うんだから、基礎法則で次元が違うということを考えてもいいよね。うーん、でも例えば、小数の次元ってどういうこと？　異次元の測り方はわかった気がするけど、疑問がどんどん湧いてくる。どうしようー。メモしておこうかな。

今日のパパの話のまとめ

- 空間の次元を数えるには、力の大きさが距離の何乗になっているかを見ればいい。
- 実験だと、重力も電気の力も磁気の力も、3次元空間だということを示している。

【浪速阪《なにわざか》の日記】

7月 5日

やばい。

なんてこった。同じアイデアやないか。このロシアのK氏の論文、アブストラクトもそっくりやわ。まあちょっと、この論文を読まずに、まずは自分の論文原稿のつづきを書こう。それしかない。

明日投稿できるかな。明日やとすると、arXivのアップロードの〆切は確か毎日、朝の5時やから、今からあと8時間はある。その間に、残りの原稿を仕上げられるかのう。頑張るだけ頑張るしかない。

おまけの異次元

❸ 異次元の力の伝わり方

電磁気力や重力がすべて逆2乗法則であるのは、それらの力が、質量のない粒子で媒介されていることと関係があります。電磁気力は光子、重力は重力子です。

重力子じたいは、まだ観測されていませんが、質量がないと考えられています。粒子に質量がないことと、平面波が減衰《げんすい》せずにずっと伝わっていくことは、じつは同じことなのです。このため、電磁気力も重力も、遠くまで伝わります。このような力は、「到達距離が無限大である」と言います。

量子力学では、粒子は波である、とされます。一つ、一つ、数えることのできる電子も、波の性質を持つと考えないと説明できないミクロな現象がたくさんあります。その結果、粒子でもあり波でもある、という大変奇妙な結論を受け入れざるをえないのです。

さて、波の方程式を調べることで、逆2乗則が導かれることを見てみましょう。逆2乗則だけではなく、空間の次元が変わると逆3乗則や逆4乗則に修正されることも同様に見ることができます。このためには、少しだけ計算に付き合っていただく必要があります。

波とは何でしょうか。海面の波を思い浮かべましょう。ある高さの波が、砂浜に向かって、一定の速さで近づいてきますね。この波の高さhを三角関数で書くと、

$$h(x,t)=A\sin(x-vt)$$

のようになります。ここで、xは波の進行方向の座標、tは時間、そしてvは波の速さです。Aは波の最大高さを表す値です。この波はxの正の方向に移動しています。というのは、sin関数が同じ値をとる、すなわち、高さが同じ点を見るためには、$x-vt$が同じ値をとる必要があり、tが大きくなるとxが大きくなる、つまり時刻が進むとxの正の向きに前進することがわかるからです。この$x-vt$のことを、波の位相《いそう》と呼びます。

本当は海面の波は、xとyの2次元空間の関数ですから、

$$h(x,y,t)=A\sin(x-vt)$$

と書かねばなりません。つまり、海面の高さはyには依存しておらず、波はy軸に平行に伸びているわけです。このことからわかるように、3次元空間の中の電磁場（つまり光）も、同様に、波の大きさを表す関数ϕ《ファイ》を用いて

$$\phi(x,y,z,t) = A\sin(x - ct)$$

と書かれることが推測されます。ここで、速さvは光速cに置き換えました。

波を表すこのような関数を「平面波」と呼びます。平面波が解になるような、最も簡単な方程式は

$$\left[\frac{1}{c^2}\frac{\partial^2}{\partial t^2} - \frac{\partial^2}{\partial x^2} - \frac{\partial^2}{\partial y^2} - \frac{\partial^2}{\partial z^2}\right]\phi(x,y,z,t) = 0$$

と書かれます。ここで、∂は、他の変数は固定してその変数だけで微分する、という偏《へん》微《び》分《ぶん》の記号です。三角関数の微分を使ってすぐに証明することができます。じつは、この方程式は、素粒子の標準模型を記述する「場の量子論」の最も基礎的な運動方程式となっています。つまり、このような単純な平面波が、世界を支配しているのです。

さて、方程式が与えられたので、そこから逆2乗法則を導いてみましょう。逆2乗法則は、時間に依存しない二つの電荷や質量の間の力ですので、方程式において、時間微分の項をゼロにしてみます。すると、

$$\left[\frac{\partial^2}{\partial x^2}+\frac{\partial^2}{\partial y^2}+\frac{\partial^2}{\partial z^2}\right]\phi(x,y,z,t)=0$$

という方程式になります。この方程式には次のような特殊な解があります。

$$\phi(x,y,z,t)=\frac{A}{r}$$

ここで、rは座標原点からの距離で、$\sqrt{x^2+y^2+z^2}$と定義されるものです。このような関数を、調和関数と呼びます。

先ほど電磁場と呼んだ$\phi(x,y,z,t)$は、いわゆる電場（電荷に働く力）とは

$$E_x=\frac{\partial}{\partial x}\phi(x,y,z,t)$$

の関係でつながっています。ここで、E_xは電場$\vec{E}$のx成分です。つまり、ϕがどの程度速く空間的に変動するか、が力を与えています。そこで、解$\phi=A/r$を代入してみましょう。すると、rのマイナス1乗を1階微分するので、rのマイナス2乗になります。つまり、逆2乗法則となるのです！　質量のない粒子は減衰しない波に対応し、平面波を解とする方程式は、逆2乗法則を表す、ということがおわかりになったでしょうか。

ところで、空間が3次元ではなくn次元だったとしましょう。すると、先ほどのrのマイナス1乗の解は、rの$2-n$乗に置き換わります。すなわち、n次元空間では、逆2乗法則ではなく、逆$n-1$乗法則に変更されるのです。力のr依存性を測ることは、力の伝わっている空間の次元を測っているのです。

第4講義

陽子の兄弟が多すぎる、という謎

げっそりした顔のパパが部屋から起きてきたのは、次の日の夕方だった。徹夜したらしい。きっと、パパの歳だと、徹夜はコタエるよね。

「あーぁー、よう寝たわぁ」

パパは大あくびをすると、パンをトースターに入れて焼き始めた。

「パパの論文はどうなったの」

「心配かけてすまんな、ようやく投稿できたよ。ちょっと見てみるか」

パソコンを起動して、「アーカイブ」とパパが呼んでいるホームページを見せてくれた。英語だからよくわからないけど、パパの名前が書いてあるホームページだった。

「ほら見てみ、これがパパの論文や。それで、論文のここんとこ。これは英語で『本論文を執筆中に、関連する論文ナニナニを知った』って書いてあるんや。こう書いてあるから、フェアな科学競争ということや。ほんま、世界のどこで誰が同じアイデア持ってるか、わからんもんやわなあ」

「このパパの論文、何が同じアイデアだったの？」

「簡単に言うと、クォークの重さを変えると陽子の重さがどう変わるか、を異次元で計算したんや。異次元で重さをどう変えるかを考えたとこが、ロシア人のと似てたんや」

「え、陽子はクォークが三つでできてるって言ってたでしょ。じゃあ陽子の重さも、クォークの重さ三つ分でいいんじゃないの？　つまり、『かける3』をするってこと」

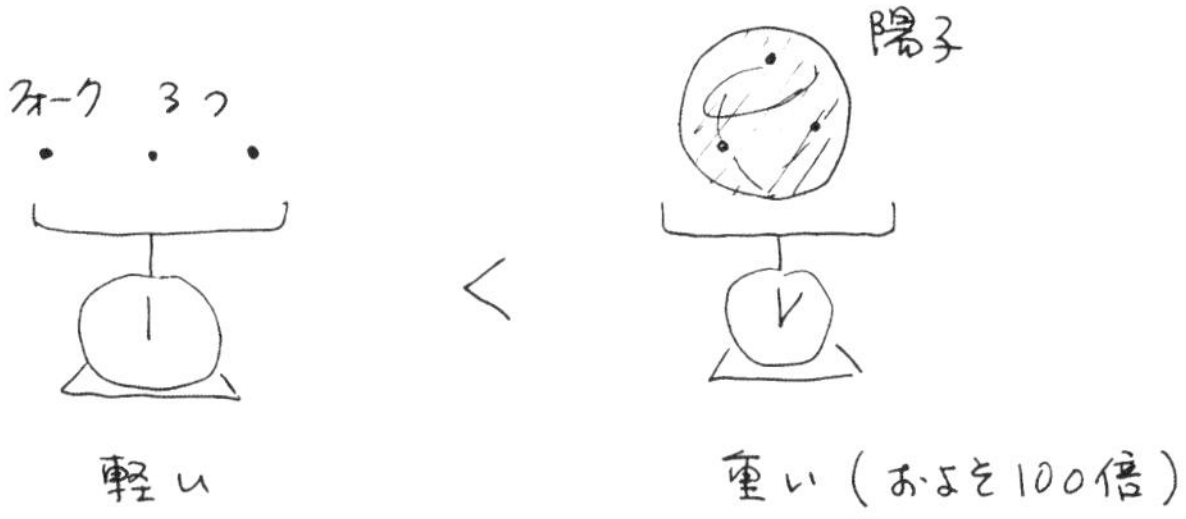

図⓯

「ええとこに気づいたなぁ。ところがな、『かける3』とはちゃうねん」

「え？」

「陽子の謎は、陽子の大きさだけやないねん。じつは、クォークに重さがなくても、陽子は重いと考えられてるねん」

え？　え？　重さがないものを三つ持ってきたら、全体は重くなるってこと？　それはおかしい。重さがないものを三つ持ってきても、重さがないに決まってるじゃん。常識的に考えておかしいでしょ。小学校以来習ってきたことと全然違う。陽子って私たちの体の重さを決めてる重要なものってパパが言っていたけど、じゃあ、私たちの体重って、どうやってできてるの？

「パパがこれまで重さ、重さ、と言うてきたのは、つまり質量のことや」

「え？　高校の物理の先生は『重さと質量は違うんだ』って力説してて、間違うとバツをつけられたよ？」

「まあ、厳密に言うとそうやけど、パパの科学者業界では質量のことを比喩的に『重さ』て言うのが常やわな。重さ、つまり質量がどうやって生まれてきたか、ちゅうのは素粒子物理でイッチバン大事なところや。そのメカニズムを解明したのが、南部《なんぶ》陽一郎というエラい人や。ノーベル賞とった人、知ってるやろ」

「知ってる知ってる。自発的対称性《じはってきたいしょうせい》の破れ、でしょ」

パパがびっくりした顔をした。私がそんな難しい言葉を口にするのにびっくりしたんだろうね、きっと。

「パパ、そんなにびっくりしなくていいじゃない。南部陽一郎さんがノーベル賞をとったときに、友達と早口言葉が流行ったのよ。『自発的対称性の破れ』って3回、早口で言うの」

それを聞くと、パパは大声で笑いだした。

「なーんや、そうか。そりゃ素晴らしい早口言葉やな。もっとやりなさい」

パパはパンをほおばりながら、

「ところで日本で初めてノーベル賞を受賞した人、誰か知ってるか」

「湯川秀樹でしょ」

「おー、よう知ってるやん。湯川さんは、陽子とその兄弟の中性子が、どうやってくっついているか、という機構を提案して、それが実験で確認されたからノーベル賞受賞になったんやで。陽子と中性子がどうやってくっついてるか、教えたる」

広告の裏紙をまた持ってきて、そこにパパはペンで絵を描き始めた。

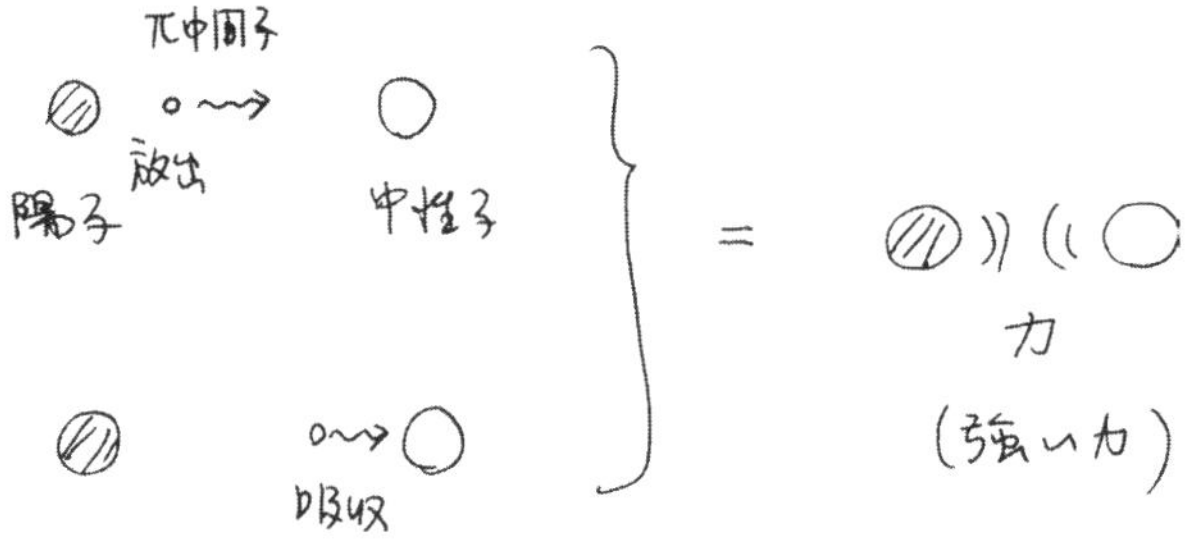

図⑯

「陽子と中性子があるとするやろ、その間に働く力は『強い力』って呼ばれてるねん。湯川さんは、その強い力は『パイ中間子』という新しい粒子をやり取りすることによって発生する、と予想したわけ」

「え、粒子がやり取りされると、力が発生するの？」

「そやな、それをまず説明せんとあかんな。例えば、電波を考えたとしよう。電波は電子が振動したときに出てくるものや。電波は電子を動かすんや。マンションのてっぺんについてるアンテナあるやろ。あれは、電波がやってくると、アンテナの中におる電子が電波で振動して、それで微弱な電流を発生させるから、信号を受け取れるんや。つまり、クーロンの法則ちゅう、電子に及ぼす力は、電波がとりもってるんや。今から１００年以上前に、マクスウェルちゅう人が、その電磁波の方程式を書いたんや。そんで、そのすぐ後に、ヘルツちゅう人が、電磁波の進む速さを測ってみたら、なんと光の速さと同じという結論を得た。つまり、電磁波は光やったんや」

「光の速さって、秒速30万キロメートルでしょ、知ってる」

「それそれ。ダテに高校で物理選択してないな。まあそれで、電磁気力が光でとりもたれているってわかったんやな。ところが一方、光は粒子であるということも知られている。これは、アインシュタインが貢献したんやけどな」

「アインシュタインって、Eイコールm cの2乗、の公式を見つけた人?」

「そうそう。アインシュタインは、光が粒子やと考えると、光が当たった時に物質中の電子をたき出せることを説明したんや。今では、光の粒を一個ずつ見ることができる、光電子増倍管《ぞうばいかん》ってのもあるんやで。英語で言うと『フォトマルティプライヤ』、略して別名『フォトマル』や」

「フォト丸ってかわいい名前ね」

「え、かわいいかなぁ? まあええけど、とにかく、電磁気力は光の粒、つまり光子、をやり取りして作られてるんや。ほいで、湯川は次のように考えたわけや——同じように、陽子と中性子をくっつけている力になる粒子があるはず。湯川は数式を用いてその存在を予言したんや。スゴいやろ」

光と電磁気力の話から類推して、新しい力を説明したってわけね!

「そやけどやな、湯川が論文を発表した当時は、物質の素粒子なんて陽子、中性子、電子の3種類で十分で、さらに新しい粒子を導入するのは、ちょっとどうかなぁ、って考えられたそうやで。そやから、湯川が新しい粒子を導入したのはすごい冒険やったんやと思う」

私には、湯川秀樹はちょっと身近な存在だった。最近、阪大《はんだい》に湯川秀樹の愛用の黒板っていうのが設置されて、阪大の学園祭の時にそれを見に行ったからだった。チョークで書いてみると、学校の黒板と全然違って、すべすべして音がカッカツいって、面白かった。それで、湯川秀樹の気持ちになったふりをしてみたことがある。

「人が考えるのと違うことをやるって、勇気いるよね。少なくていいいって言われたのにさらに粒子を入れてみるなんて」

「そうやなあ。けど、歴史的にはそれからもっと面白いことになったんやで。これ見てみ」

パパは違うホームページを検索して、見せてくれた。そこには、記号がずらずらと並んでいる。アルファベットの記号の後に、括弧《かっこ》つきで4桁の数字が並んでいた。

p	$1/2^+$	****	$\Delta(1232)$	$3/2^+$	****	Σ^+	1/2
n	$1/2^+$	****	$\Delta(1600)$	$3/2^+$	***	Σ^0	1/2
$N(1440)$	$1/2^+$	****	$\Delta(1620)$	$1/2^-$	****	Σ^-	1/2
$N(1520)$	$3/2^-$	****	$\Delta(1700)$	$3/2^-$	****	$\Sigma(1385)$	3/2
$N(1535)$	$1/2^-$	****	$\Delta(1750)$	$1/2^+$	*	$\Sigma(1480)$	
$N(1650)$	$1/2^-$	****	$\Delta(1900)$	$1/2^-$	**	$\Sigma(1560)$	
$N(1675)$	$5/2^-$	****	$\Delta(1905)$	$5/2^+$	****	$\Sigma(1580)$	3/2
$N(1680)$	$5/2^+$	****	$\Delta(1910)$	$1/2^+$	****	$\Sigma(1620)$	1/2
$N(1685)$		*	$\Delta(1920)$	$3/2^+$	***	$\Sigma(1660)$	1/2
$N(1700)$	$3/2^-$	***	$\Delta(1930)$	$5/2^-$	***	$\Sigma(1670)$	3/2
$N(1710)$	$1/2^+$	***	$\Delta(1940)$	$3/2^-$	**	$\Sigma(1690)$	
$N(1720)$	$3/2^+$	****	$\Delta(1950)$	$7/2^+$	****	$\Sigma(1750)$	1/2
$N(1860)$	$5/2^+$	**	$\Delta(2000)$	$5/2^+$	**	$\Sigma(1770)$	1/2
$N(1875)$	$3/2^-$	***	$\Delta(2150)$	$1/2^-$	*	$\Sigma(1775)$	5/2
$N(1880)$	$1/2^+$	**	$\Delta(2200)$	$7/2^-$	*	$\Sigma(1840)$	3/2
$N(1895)$	$1/2^-$	**	$\Delta(2300)$	$9/2^+$	**	$\Sigma(1880)$	1/2
$N(1900)$	$3/2^+$	***	$\Delta(2350)$	$5/2^-$	*	$\Sigma(1915)$	5/2
$N(1990)$	$7/2^+$	**	$\Delta(2390)$	$7/2^+$	*	$\Sigma(1940)$	3/2
$N(2000)$	$5/2^+$	**	$\Delta(2400)$	$9/2^-$	**	$\Sigma(2000)$	1/2
$N(2040)$	$3/2^+$	*	$\Delta(2420)$	$11/2^+$	****	$\Sigma(2030)$	7/2
$N(2060)$	$5/2^-$	**	$\Delta(2750)$	$13/2^-$	**	$\Sigma(2070)$	5/2
$N(2100)$	$1/2^+$	*	$\Delta(2950)$	$15/2^+$	**	$\Sigma(2080)$	3/2
$N(2120)$	$3/2^-$	**				$\Sigma(2100)$	7/2
$N(2190)$	$7/2^-$	****	Λ	$1/2^+$	****	$\Sigma(2250)$	
$N(2220)$	$9/2^+$	****	$\Lambda(1405)$	$1/2^-$	****	$\Sigma(2455)$	
$N(2250)$	$9/2^-$	****	$\Lambda(1520)$	$3/2^-$	****	$\Sigma(2620)$	
$N(2300)$	$1/2^+$	**	$\Lambda(1600)$	$1/2^+$	***	$\Sigma(3000)$	
$N(2570)$	$5/2^-$	**	$\Lambda(1670)$	$1/2^-$	****	$\Sigma(3170)$	
$N(2600)$	$11/2^-$	***	$\Lambda(1690)$	$3/2^-$	****		
$N(2700)$	$13/2^+$	**	$\Lambda(1800)$	$1/2^-$	***		
			$\Lambda(1810)$	$1/2^+$	***		
			$\Lambda(1820)$	$5/2^+$	****		
			$\Lambda(1830)$	$5/2^-$	****		
			$\Lambda(1890)$	$3/2^+$	****		

表❶

「これはやな、今までに実験で見つかっている粒子をまとめた表やねん。パーティクル・データ・グループ、っていうところが編纂《へんさん》してる。パーティクルというのは英語で『粒子』ちゅう意味や。すごいやろ、人類が発見した粒子が、インターネットでぜーんぶ情報公開されてるんよ。ほいで、一番上に書いてある『p』っちゅうのが、陽子やな。水素原子核のことやな。で、そのすぐ下の『n』っていうのが、中性子」

「え、そうしたら、陽子と中性子の他に、こんなに何十も新しい粒子が見つかってるの？」

「そうなんや。しかも、この表の粒子は、ほとんど陽子とか中性子と同じ性質を持ってるんや。

そんなに似た粒子が大量にある、ちゅうわけ」

私は驚いた。だって、なんとなく、世の中は単純で、陽子と中性子で全部原子核はできているらしいから、それで終わりかと思ってた。でもそれは違うらしい。陽子の仲間がこんなにたくさん見つかっている！

「ここの表にあるようなたくさんの粒子が見つかり始めた1950年代、科学者は困り果てた。なんで、こんなにたくさんの素粒子があるんやろ、ってな。しかも、似たような種類の。例えばな、この表の中で、Nと書いてあって横に1／2プラスって書いてある粒子は、重さが違う以外はほとんど陽子と同じ性質を持ってることが実験でわかったんよ。言うなれば『陽子の兄弟』やな。表の括弧の中の数字を見てみ。それが、その粒子の観測された重さを表すんや。それぞれの粒子でちょっとずつ違うやろ。質量が違うから、違う粒子やねんけど、他の性質はほとんど同じなんや。例えば、どれとくっつきやすいか、とかな。この表みたいな粒子を全部まとめて、ハドロンって呼んでるんや。他にもあるで」

パパは他の表も見せてくれた。やっぱり同じようにズラズラと記号が並んでいる。

LIGHT UNFLAVORED
$(S = C = B = 0)$

	$I^G(J^{PC})$		$I^G(J^{PC})$
• $\pi^{\pm}$	$1^-(0^-)$	• $\pi_2(1670)$	$1^-(2^{-+})$
• π^0	$1^-(0^{-+})$	• $\phi(1680)$	$0^-(1^{--})$
• η	$0^+(0^{-+})$	• $\rho_3(1690)$	$1^+(3^{--})$
• $f_0(500)$	$0^+(0^{++})$	• $\rho(1700)$	$1^+(1^{--})$
• $\rho(770)$	$1^+(1^{--})$	$a_2(1700)$	$1^-(2^{++})$
• $\omega(782)$	$0^-(1^{--})$	• $f_0(1710)$	$0^+(0^{++})$
• $\eta'(958)$	$0^+(0^{-+})$	$\eta(1760)$	$0^+(0^{-+})$
• $f_0(980)$	$0^+(0^{++})$	• $\pi(1800)$	$1^-(0^{-+})$
• $a_0(980)$	$1^-(0^{++})$	$f_2(1810)$	$0^+(2^{++})$
• $\phi(1020)$	$0^-(1^{--})$	$X(1835)$	$?^?(?^{-+})$
• $h_1(1170)$	$0^-(1^{+-})$	• $\phi_3(1850)$	$0^-(3^{--})$
• $b_1(1235)$	$1^+(1^{+-})$	$\eta_2(1870)$	$0^+(2^{-+})$
• $a_1(1260)$	$1^-(1^{++})$	• $\pi_2(1880)$	$1^-(2^{-+})$
• $f_2(1270)$	$0^+(2^{++})$	$\rho(1900)$	$1^+(1^{--})$
• $f_1(1285)$	$0^+(1^{++})$	$f_2(1910)$	$0^+(2^{++})$
• $\eta(1295)$	$0^+(0^{-+})$	• $f_2(1950)$	$0^+(2^{++})$
• $\pi(1300)$	$1^-(0^{-+})$	$\rho_3(1990)$	$1^+(3^{--})$
• $a_2(1320)$	$1^-(2^{++})$	• $f_2(2010)$	$0^+(2^{++})$
• $f_0(1370)$	$0^+(0^{++})$	$f_0(2020)$	$0^+(0^{++})$
$h_1(1380)$	$?^-(1^{+-})$	• $a_4(2040)$	$1^-(4^{++})$
• $\pi_1(1400)$	$1^-(1^{-+})$	• $f_4(2050)$	$0^+(4^{++})$
• $\eta(1405)$	$0^+(0^{-+})$	$\pi_2(2100)$	$1^-(2^{-+})$
• $f_1(1420)$	$0^+(1^{++})$	$f_0(2100)$	$0^+(0^{++})$
• $\omega(1420)$	$0^-(1^{--})$	$f_2(2150)$	$0^+(2^{++})$
$f_2(1430)$	$0^+(2^{++})$	$\rho(2150)$	$1^+(1^{--})$
• $a_0(1450)$	$1^-(0^{++})$	• $\phi(2170)$	$0^-(1^{--})$
• $\rho(1450)$	$1^+(1^{--})$	$f_0(2200)$	$0^+(0^{++})$
• $\eta(1475)$	$0^+(0^{-+})$	$f_J(2220)$	$0^+(2^{++}$
• $f_0(1500)$	$0^+(0^{++})$		or $4^{++})$
$f_1(1510)$	$0^+(1^{++})$	$\eta(2225)$	$0^+(0^{-+})$
• $f_2'(1525)$	$0^+(2^{++})$	$\rho_3(2250)$	$1^+(3^{--})$

表❷

「ほら、ここ、一番左上は『π《パイ》』って書いてあるやろ。これが、湯川が予言した『パイ中間子』ちゅう粒子や。陽子と中性子の間の力をつくっとるやつや。ほんで、おんなじπでも、後ろの括弧の中の数字が違うのが、他にいっぱいあるやろ。重さだけが違うパイ中間子の兄弟や」

「あのね、パパ、陽子はクォークでできてるって言ってたでしょ、あれどうなったの」

「そうそう。そこやで、面白い話は。1950年代の当時は、クォークが知られてなかったんや。こういうハドロンがぎょーさん発見されて、どないしよ状態やったわけ。そこで、むちゃくちゃたくさん種類がある粒子を説明するために、坂田《さかた》昌一《しょういち》と彼の共同研究者たちが、坂田模型ちゅ

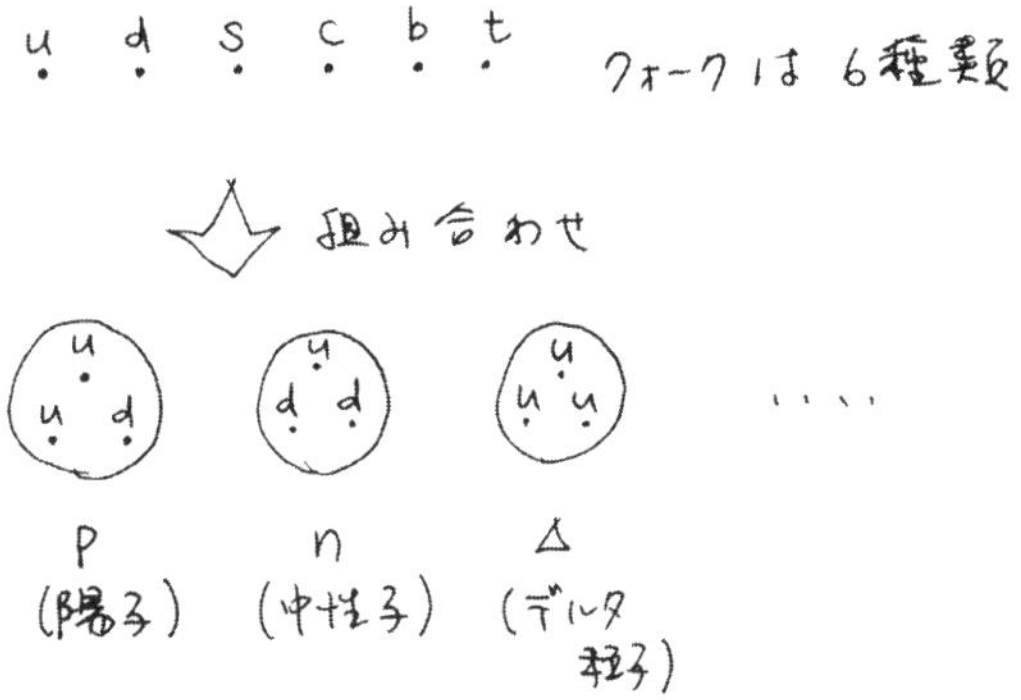

図⑰

うのを発案した。坂田模型は、陽子、中性子、あとラムダ粒子ちゅうのを使って、残り全部を説明しよう、ちゅう試みや。残りのぎょうさんの粒子は、この3種類がくっついたものと理解できる、って説明した。その後、最終的に、1964年にゲルマンとツヴァイクが、クォークちゅうさらに小さな素粒子を導入すれば、クォーク二つまたは三つの組み合わせでハドロンが説明できる、ちゅうことになったんや」

「へぇー。たくさんの粒子を説明するのにそんなドラマがあったのね。でも、もう50年も昔の話かぁ。じゃあそれで一件落着ということね」

「いや、そうやない。じつはな、現在ではクォークの基礎方程式がわかっているにもかかわらず、さっき見せた表みたいな、陽子やパイ中間子の兄弟たちの質量を手で計算することはできてへんのや。それはおろか、じつは、陽子の質量そのものも、だれも基礎方程式からの数式変形で示せてへん。それが、こないだ言った1億円の問題なんやで」

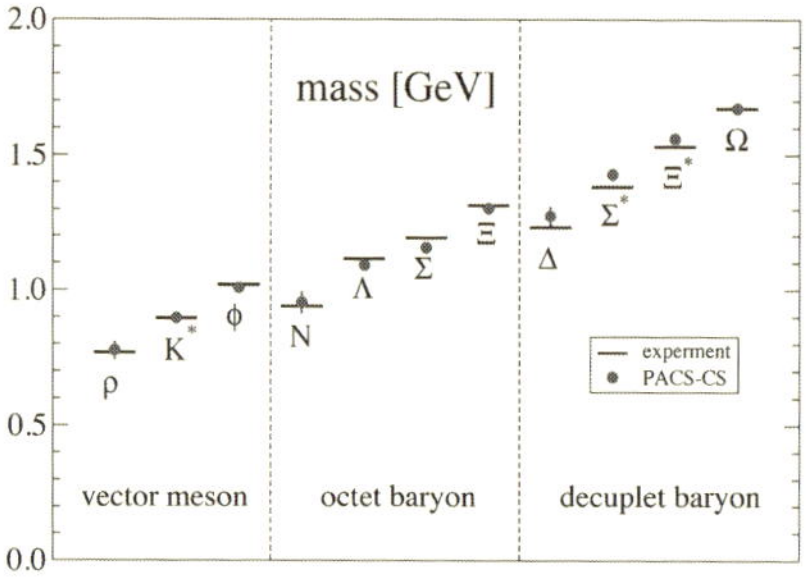

Y. Kuramashi (2009): "Current status toward the proton mass calculation in lattice QCD" (arXiv:0906.0126v1 [hep-lat] 〈http://arxiv.org/pdf/0906.0126.pdf〉), Figure 6. 藏増嘉伸教授のご好意により転載

なーんと。陽子のことがわかってないのに加えて、さらに陽子の兄弟までわかってないとは。私たちの世界は原子でできていて、原子は電子と陽子と中性子でできてる。その陽子と中性子が、こんなにわかってないということは、私たちはこの世のことを全然知らないということよね。

「人類はまだ、クォークの方程式を手で解いたことはないけど、いま、じつはコンピューターに解かしているんや。このグラフを見てみ」

パソコンの画面上にパパが出してきた表には、綺麗な点とその上に重なる短い線が描かれていた。

「このグラフは、スーパーコンピュータの計算結果や。クォークの基礎方程式を、スーパーコンピュータに数値計算させてる。人間の手とペンでは計算ができへんでもスーパーコンピュータの力にもの言わせて、ガンガン解かしてるんや。表の中で、この短い線はスーパーコンピュータの数値シミュレーションの結果。ほんで、綺麗な点は実験で測られたハドロンの質量。ぴたりと一致してるやろ」

うっわー、スーパーコンピュータって、あの「京《けい》」とか？　写真で見たことがあるけど、すっごく大きいのよね。ビル一個が計算機っていう。それを使えば、方程式が解ける……

「そやけど、数値計算で解いても、そもそもなんでそのハドロンがそういう重さなんか、はわからんのや。もちろん、数値計算は必要やで。クォークの基礎方程式が確かに正しいことがわかった。そやから、人類は一歩進んだんや。けどな、陽子の仲間たちがなんでそんな重さを持っているのか、それを紙と鉛筆で説明してみろよ、っちゅう『自然』の挑戦状を人類は受けて立ったわりには、まだ説明できてへんのや」

今日のパパの話のまとめ

- 陽子にはいっぱい兄弟がいて、クォークでできていると考えられている。
- クォークの基礎方程式から、陽子の質量を、まだ誰も紙と鉛筆で説明したことがない。
- スーパーコンピュータでの数値計算は、基礎方程式の正しさを教えてくれている。

【浪速阪《なにわざか》の日記】

7月 6日

何とか徹夜で論文を投稿。徹夜なんて久しぶりやわ。ホッと一息。

改めてK氏の論文を読んでみると、さすがに美しく論理が展開されている。かっこええ論文やな。でも僕らのもええ論文やで。きちんとバリオンの質量の評価もやってるし。しかもラティスと合うとか、面白いと思ってもらえると願う。誰かから反応が来てほしい。ご当人のK氏はどう思うんだろうか。議論したい。

体調を壊しそうなので、よく寝ることにした。論文も出たし、少しペースを整えて、他のプロジェクトに気持ちを切り替えたい。

おまけの異次元

❹ 自発的対称性の破れ

南部陽一郎は素粒子論に多大な影響を与えた一人です。彼は、「自発的対称性の破れ」の考え方が素粒子が質量を獲得する根源的な原理である、と発見した功績で2008年にノーベル賞を受賞しました。また、2012年には、対称性の破れの機構をつかさどるヒッグス粒子が実験的に発見され、この宇宙の素粒子がどのように質量を獲得したか、の原理解明に大きな一歩となりました。

「対称性の破れが、粒子に質量を与える」ということを直感的にお伝えするのは困難です。現代物理学では、ヒッグス粒子に対応するヒッグス場が真空凝縮を起こすために、物質粒子の場とヒッグス場の相互作用から質量が生まれる、とされます。このような正確な表現を聞いても、現代物理学によく親しんだ方でないと、おそらくわかった気分にはならないでしょう。

また、空間を埋め尽くしているヒッグス粒子に、物質粒子がゴツゴツと衝突するのであたかも質量を持ったように見える、との解説もよく聞かれます。しかし、この説明では、ヒッグス粒子は摩擦力のようなものに思えてしまい、運動する物体はいずれ止まってしまうような気がしますが、実際の質量のある粒子は運動を継続します（慣性の法則）。したがって、ヒッグス粒子にゴツゴツ当たるという説明は、直感的ですが誤った結論も導いてしまいます。

平面波の方程式を使って、質量が出てくる機構を見てみましょう。平面波の方程式は

$$\left[\frac{1}{c^2}\frac{\partial^2}{\partial t^2}-\frac{\partial^2}{\partial x^2}-\frac{\partial^2}{\partial y^2}-\frac{\partial^2}{\partial z^2}\right]\phi(x,y,z,t)=0$$

となっていました。ここで、括弧の中の最後の部分に定数項を入れてみます。

$$\left[\frac{1}{c^2}\frac{\partial^2}{\partial t^2}-\frac{\partial^2}{\partial x^2}-\frac{\partial^2}{\partial y^2}-\frac{\partial^2}{\partial z^2}+\frac{m^2c^2}{\hbar^2}\right]\phi(x,y,z,t)=0$$

この項が質量を意味します（ここで、$\hbar$《エイチバー》はプランク定数という量子力学の基本的な定数を2πで割ったものです）。波ϕを量子であると思った粒子の、質量です。なぜなら、時間微分をエネルギー、空間微分を運動量、と量子力学では考えるので、それらを代入すると、括弧の中は

$$E^2/c^2-p^2-m^2c^2=0$$

という方程式になります。これはまさに、質量mを持つ相対論的粒子のエネルギー運動量の式になっています。特に、運動していない場合は運動量pをゼロと置けば、アインシュタインの

有名な、エネルギーが質量であるという式

$$E=mc^2$$

が出てきます。つまり、平面波の式において、微分の所に定数項を加えると、それが質量の意味を持つのです。

電磁波の場合は、光子に質量が無いので、定数項はありませんでした。しかし、他の質量のある素粒子に対応する物質波の場合は、定数項があり、それが質量を表します。

さて、もし、このmが、ある他の波Hの大きさだったとしましょう。

$$m=H(x,y,z,t)$$

すると、Hがゼロでないとき、ϕは質量を持つことになります。このHが、「ヒッグス場」と呼ばれるものなのです。ヒッグス場が、空間のあらゆるところで定数の値をとると、粒子ϕは質量を獲得するのです。

さて、質量獲得の理由が、素粒子の運動の際に空間を埋め尽くしているヒッグス粒子にゴツゴツと当たってしまうから、という説明はどこから出てきたのでしょう。そう、それは、Hが波の方程式に出てきていて、それが定数mという値をとるので、もともとの三角関数の解は解でなくなってしまう、という意味だったのです。ゴツゴツ当たる、というのは、波の方程式の中のHの項のことだったのです。

ところで、対称性とは、波や粒子を記述する方程式が、ある置き換えをしても形が変わらないという性質のことを言います。先に出てきた微分方程式だと、mをHに置き換えた後で、HをマイナスHと置き換えても、方程式は変わりません。なぜなら、方程式がHの2乗で書かれているからです。マイナスの数を2乗しても、プラスの数を2乗しても、結果は同じくプラスの数になります。つまり、HをマイナスHに置き換える「対称性」が存在しています。

しかし、もし波Hが空間のあらゆるところでmという特定の値をとってしまうと、HをマイナスHにすることは許されなくなります。特定の値が選ばれることで、対称性が破れるのです。

我々の世界の素粒子の質量は、このような機構で現れていると考えられています。対称性が破れることで、質量が発生しているのです。

休憩

科学者の世界を覗《のぞ》いてみた

「もぅ、ねえ美咲、最近ボーッと歩いてること、多いよ」

と、親友のリカが、追いついてきていきなり声をかけた。

「え、そんなことないよ」

私は急いで反論したけど、でも本当は思い当たる節があった。異次元のことを毎日考えてるからだ。パパにちょっとずつ教えてもらっているいま、まわりのあらゆるところに異次元が無いか、探したりしちゃってる。気がつくとそうしてしまってるんだ。

「美咲はただでさえボーッとしてるんだから、気をつけなよ！」

リカは東京から高校に入る時に引っ越してきた子で、私の言葉が東京の言葉だから、すぐに親しくなってしまった。リカも私も理系クラスに進んでるので、それも仲良くなった理由かな。

今日は二人で京都に旅行に来てる。パパがじつは出張で、それについてきちゃった！パパは大学で研究会があって、そこで「発表」するんだって。その研究会が、異次元も取り扱う研究会だとパパが言ったので、私たちもむりやり忍び込ませてもらうことにしてもらったの。一番後ろでこっそり覗《のぞ》いているくらいだったら、この研究会だったら大丈夫なんだって。大学って結構オープンなのね、って言ったら、パパに怒られた。本当は入っちゃダメなんだよ、家族だから少し覗くのはオッケーなんだよ、ってね。

今日はもともと、リカと遊ぶ約束をしていた日だったので、仕方なくリカに理由を話したら、一緒に行くと言い出して、それで二人でついてきちゃった。リカは大学の中を見られるだけで満足らしい。

「ねぇねぇ、美咲のお父さんって大学の先生でしょ、どんな感じの人？」

パパの後ろを歩きながらこっそりリカは聞いてきた。私はリカの「常識」に合わせて返事をするのが癖になってる。だからひそひそ声でパパに聞かれないように、答えた。

「あのね、リカ、パパはちょっと変なのよ。先生なのに毎日ジーパンはいてるし、特に実験したりしないのよ、あの、テレビの番組で出てくるような白衣を着た科学者じゃないのよ」

じつは、私はそれ以上知らない。

「へー。そしたら、科学者にもいろいろ種類があるのかもね」

とリカはつぶやいた。科学者の種類……特にパパのような理論物理の科学者が、みんなパパみたいだったらどうしよう、とちょっと不安になった。科学者っぽくない科学者がいっぱいいるって、どうなんだろう。


そして、その不安は的中した。

大学のある建物に入っていったパパは、入り口に座っている人に何やら説明をして、私たちを指差して説明している。そして私たちを講義室横の大きな待合室の端っこに連れてきて、椅子に座らせた。

にぎやかな待合室はジーパンの人でいっぱいだった。ほとんどが男の人で、子供みたいに若い人もいれば、白髪まじりの人も結構いる。でも、ほぼ全員がTシャツにジーパンだった。これって、ホントに科学者の集まり？　商店街のイベントみたいに見えるけど？

隣りのリカを見ると、呆然としている。

「ねえ美咲、これ大学？」

パパを探してみると、なにやら親しそうに背の高い人としゃべっていた。それで急にその人と壁のほうに移動して、壁にあった黒板に絵を描き始めた。

あ、私にこないだ描いてくれた絵に似てる！

パパとその背の高い人は、お互いにチョークを持って、黒板に絵やら式やらを書き出した。その絵を見ながら楽しそうにべらべらしゃべっている。ここからは何をしゃべっているのか聞き取れないけど、でも絵と式をたくさん描いているのはわかる。式は難しい記号だらけで、何のことか全くわからなかった。でも、ψ《プサイ》という記号があって、それはクォークのことだとパパが教えてくれたものだった。

「リカ、あれはクォークの話をしてるのよ」

「またまた美咲、そんな知ったかぶりして。ウソってすぐにバレるよ」

私は、フフフと少し笑って、そして二人で口に手を当てて、「科学者」の邪魔をせずに静かにすることを決意した。

しばらくすると隣りの部屋から、小さな鐘を鳴らしながら人が出てきた。あんな、手で揺すって鳴らす鐘、初めて見た。鐘が鳴り響くと、みな談笑をやめて、隣りの部屋に入っていった。パパがやってきて、

「ほら、あの講堂に入って、一番後ろで座って静かにしてるんやで」

と私を講堂に引っ張った。私たちは一番後ろの空いている席に、邪魔にならないように腰を下ろした。椅子はイヤミを言うかのようにギシギシ音を立てる。

パパは、講堂の正面の大きな黒板の前に立っている。さっき鐘を鳴らした人が、いきなり英語で話し始めた。英語の中にパパの名前が入っていたので、どうやらパパの紹介をしているらしいけれども、私には全然わからない。

パパは持ってきたパソコンをケーブルにつないで、そして英語で大きな声でみんなに話し始めた。

「サンキューフォー……」

私、サンキューしかわからない！　でも、パパが正面に映し出したパソコンの画面には、また、見覚えのある*ψ*の記号と、それと素粒子の絵があった。スライドが変わると、そこにはまた素粒子っぽい絵があったり、ひもみたいな絵があったり、膜みたいな絵があったり、ブラックホール、って横に書いてある大きな黒い丸があったり、その絵を見ているだけでもすごく楽しかった。何を言ってるのかは、てんでわからないけれど。

そのうち、聴衆の一人でモジャモジャ頭の年配の人が、手を上げて質問をした。これまた英語の質問なので全然わからない。パパはそれを聞いた後、横にある黒板に絵を描き始めた。その絵にいろいろと数式を書き足して、なにやら説明をしていた。モジャモジャ頭の人は納得しなかったようで、また質問をした。パパはさらに答えたけれども、どうも二人とも納得がいっていないようだった。緊迫の中、何回か質問と答えの応酬が進んだ。パパは少し声を荒げているようだった。しばらくした後、鐘を持っていた人が「込み入ってきたので後にしましょうか」と日本語で言って、それで場が収まった。聴衆のみなさんは、ホッとした顔をしていた。

私、パパのあんな顔を見たことなかったよ。眼《め》は射るような感じで、顔が赤くなって、声が高くなって、本当に少し怒っているように見えるんだけど、でもなるべく丁寧に説明しようとしていた。家ではブラブラしてウロウロしてるだけなのに。科学者って、いろんな面があるのね。私は、パパの知らない面を見てしまった気がして、なんだか少し、不安な気持ちになった。

横に座っているリカは、今のやり取りで目が覚めたらしい。失礼なことに、ここに座ったとたんにスヤスヤと眠っていたんだ。

「まさか英語とはね」

と一言小さな声で言ったリカは、また寝てしまった。まあ、無理もないね。何をしゃべってるか、全くわからないんだもの。そうね、お経を聞くようなもの。

しばらくすると、会場が拍手でいっぱいになった。パパは前で礼をしている。けれどもその後、また、さっきのモジャモジャ頭の人が質問を始めた。みんながその行方を注目している。また何回かの応酬の後、今度はモジャモジャ頭の人も納得したみたいだった。本当に納得したかどうかは私には全然わからないけれど、その人はモジャモジャ頭をさすりながら首を縦に振っていたから、ね。

質問の時間が終わって、また拍手の後、会場は休憩時間になった。パパは二人ほどに囲まれて、何か話をしている。多分、講演の内容についての話なんだろうな。パパが嬉しそうに笑っている。こんなふうに、声を荒げたり大声で笑ったりするパパを初めて見て、私も少し興奮した。

「どや、異次元の研究会ってどんなんか少しわかったやろ」

汗臭いパパがその後私たちのところにやってきて、嬉しそうに言った。私は正直に、

「ていうか、パパってホントに科学者だったの、ね」

「なにゆうとんねん。あほか」

私はパパの「あほか」が気に入っている。それを言う時のパパは、嬉しそうだからだ。で、私はいつもこう返すことにしている。

「アホで悪かったねー」

先に帰ることにしたリカと私は、帰り道、口々に思ったことを話した。

「科学者がジーパンばっかりって、ありえない。しかも美咲のお父さんも、ね」

「パパはね、スティーブ・ジョブズもジーパンだって言ってたよ」

「そりゃ例外よね、大会社のトップだったからよ。科学者はもっと違うでしょ」

「でもね、実験もしない理論の科学者は、白衣を着る必要ないでしょう」

「それでもね、人前で話す時は背広でしょ、ふつう。スーツよ、スーツ」

そう言われてみると、パパがスーツを着るのをほとんど見たことがない。結婚式に呼ばれたときくらいだ。出張に行くときもサンダルで出かけてるし。考えてみれば不思議ね。私、小さい頃からパパがそうしてたから、当たり前だと思ってたけど、でも、多分リカの家とはずいぶん違うんだろうな。

リカは寝ていたくせに、いろいろと細かいところにも気付いていたようだった。

「美咲は見た？　あの黒板に式書いてたときのお父さん。何も教科書とか見ないで式書くのよ！どうなってるのかな」

確かにパパは式が頭に入っているらしい。科学を毎日やってると、そうなっちゃうのかな。

「それにね、美咲、会場の人たち、みーんなリュック持ってたよね。まるで小学校の遠足みたい」

私たちは二人で吹き出してしまった。

でもね、私は密《ひそ》かに思った。科学者は毎日、冒険に出かけてるんだ。誰も知らない真理を求めて、リュックを背負って。

【浪速阪《なにわざか》の日記】

7月7日

研究会での講演が終わる。

N部先生が一番前に座っておられた。あの、朗らかな笑顔と眼差《まなざ》しは、一生、忘れることがでけへんやろなと思った。

物理をやっていて、これほど一人の科学者のことを感じたことはなかったと思う。先生が作り出した弦理論を使って、N部先生が予言したωメソンの性質を導いたわけやから。

50年も経って、物理が自分の手のひらに戻ってくる感覚、どんなんやろか。どんな幸せやろか。僕にはとうてい、先生の感じていることはわからない。けれども、それを想像することはできる。想像するだけで、そんな幸せはあるんやろなと想像するだけで、ゾクゾクするわ。

美咲が友達を連れて研究会まで押しかけて来た。科学が進んでる現場を初めて見て、どないおもたやろ。ホンマの科学の現在を見せれて、よかった。それと、科学者としての父親を見てビックリしたかな。

今日は幸せやった。

第5講義

異次元を使って陽子の兄弟を説明する

「クォークの間の力も逆2乗法則になってる?」

今晩は私から質問してみた。だって、いつもはパパの調子で話が進むから、今日は先制攻撃。空間は3次元でしょ、だからクォークの間の力も逆2乗法則のはず、ね。

「おお、ええ質問するやん。ほな、今日はその話しよか」

パパは椅子に座り直して、新しい素粒子の話を始めた。

「クォークの間に働く力は、グルーオンちゅう素粒子が行き来することで発生しとるんや。新しく登場する素粒子の名前は『グルーオン』や」

「え、グルーオン? なんだかイメージが湧きづらい名前だね」

「そうかなあ? 『グルー』は糊《のり》とか接着剤という意味や。素粒子の名前には『なんとかオン』という接尾語がようつくから、グルーオンはクォークどうしを糊のようにくっつける素粒子ちゅうことやな。この力は、現在では『強い力』って呼んでるねん。けどな、グルーオンは、例えば光子とは全然違う性質を持ってるねん。グルーオン1個が、グルーオン2個に分かれたりする、っちゅう性質。しかもな、分かれる度合いがものすごく多いねん。そやから、1個のグルーオンを交換してたと思ったら、いつの間にか2個とか3個とか、ぎょうさん交換するはめになるんや。力が途中で変わってまうんやな」

頭の中で想像してみると、スゴいことになってしまいそうだった。電子の間に光子が1個ずつやり取りされてるとこは、なんとなく想像できる。その受け渡しがクーロン力ということらしい

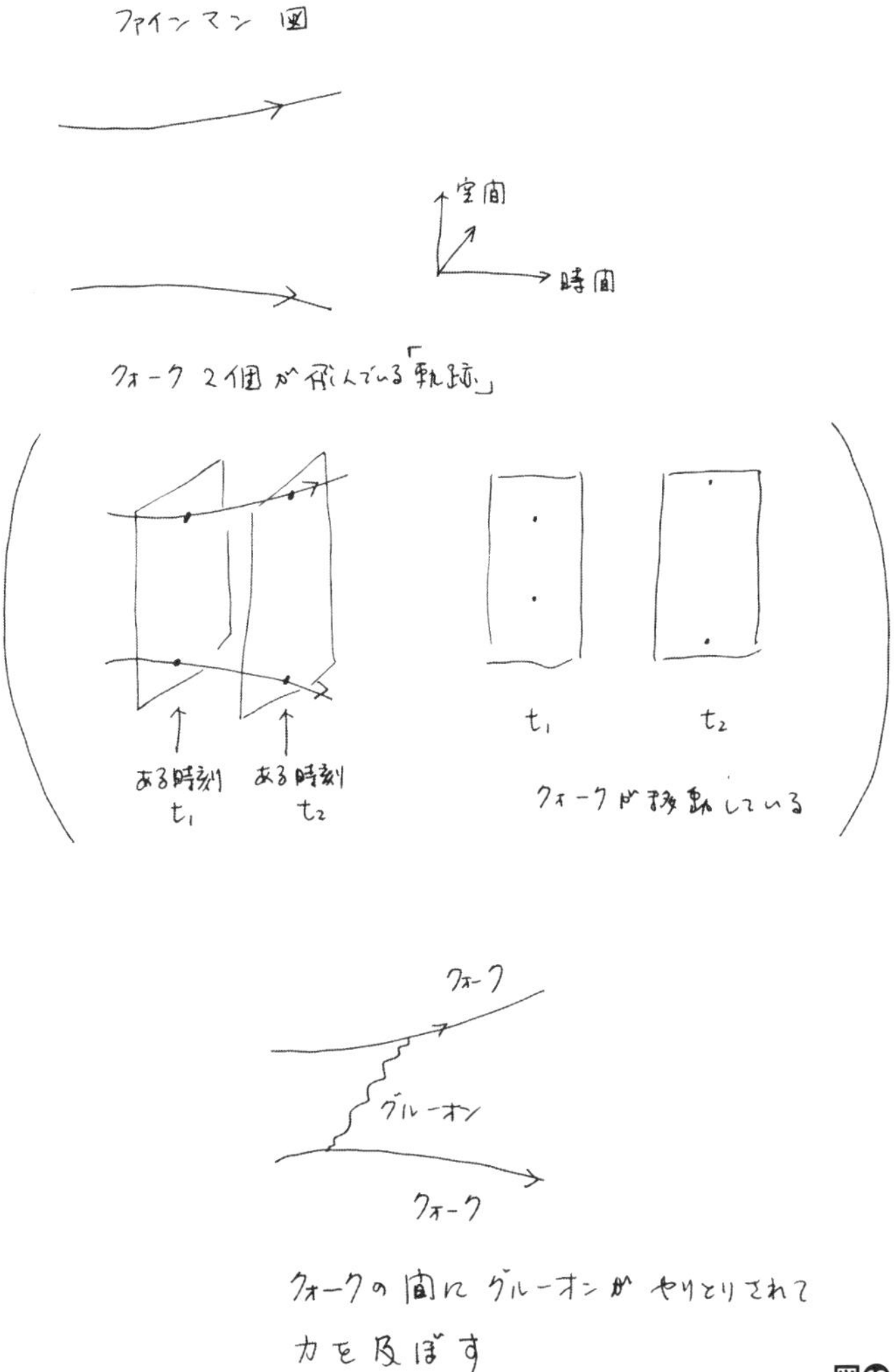
ファインマン図
空間
時間
クォーク2個が飛んでいる「軌跡」
ある時刻 t1
ある時刻 t2
t1
t2
クォークが移動している
クォーク
グルーオン
クォーク
クォークの間にグルーオンがやりとりされて
力を及ぼす

図⑱

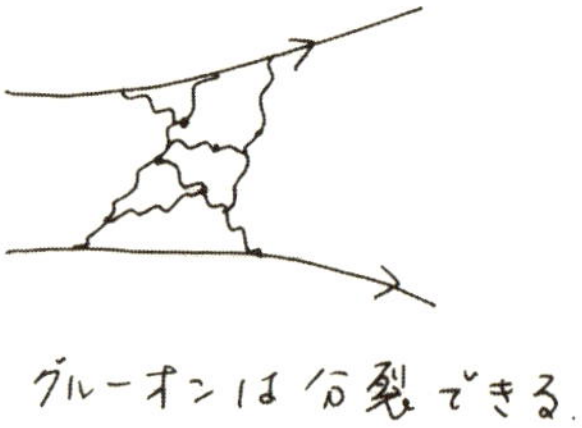

図⓳

と教えてもらった。けど、それがクォークの間だとすると、グルーオンをやり取りしようとしても、そのグルーオンが途中でどんどん分裂して、どうしようもなくなってしまう。受け渡しをどうしたらいいの！

「ほんで、こうやって分裂する絵を描いてみると」

パパは紙に、どんどん分裂する波線みたいなのを描き始めた。

「たくさん分裂した図を無限種類、描かなあかんようになるやろ。こういう絵を『ファインマン図』って呼ぶんやけど、ファインマン図が意味をなさんようになってしまうんや。ファインマン図ちゅうのはやな、素粒子が飛んだ跡を描いたようなもんや。クォークが2個あったら、こうやって2本の線を描いて、ほんで、その間をグルーオンが1個やり取りされたら、クォークの線の間にグルーオンの波線をあみだくじみたいに描くんや」

ほんと、あみだくじと同じ絵だ。

「けどな、グルーオンは自分で分裂できるから、こうやって

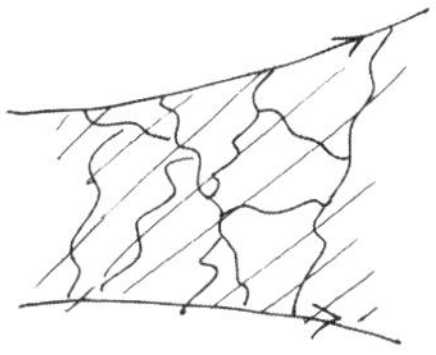

図⑳

新しい波線を途中から出して、クォークまで持っていけるやろ。そんで、そういう分裂がどんどん起こるはずやから、もう、二つのクォークの間は、グルーオンだらけになってしまうやろ」

パパはクォークの線の間を、波線でぐちゃぐちゃに塗りつぶした。

「こういう感じで、結局どうなるかというと、クォークの間に働く力は、逆2乗法則とは全然違うものになってしまう。じつは、なんと『逆ゼロ乗法則』になってしまうと予想されてるんや」

逆ゼロ乗法則！　それって、私がおととい考えた法則のこと！　やった！　ついに出てきた！

「パパ、逆ゼロ乗法則って、バネみたいに空間が1次元の場合の法則でしょ」

「おまえ天才やな。なんでわかったんや？」

「ちょっと前に、2次元のときとか4次元のときのこと、パパ言ってたでしょ。それから私考えたの」

「エラいなぁ。そういうの、『一般化』ってゆうて、物理ではホンマに大事なやり方やねんで」

「私、物理のやり方を学んでるつもりはないけど、自然とそう思ったのよ」

そう言いながら、私は密かに嬉しかった。だって、自分で考えたことが、グルーオンで起こってるかもしれないなんて、カッコいいから。

「けどな、物理学者は、なんでクォークの間の力が逆2乗やなくて逆ゼロ乗になるか、わかってへんのや。それが、素粒子物理学の大問題なんや。クォークが、まるでバネでつながれてるように振る舞ってる、ちゅう。実験では、クォーク1個では見つかってない、って話、したやろ。バネでお互いにつながれてるから、クォーク1個では見つからへんのや」

「じゃあ、グルーオンがじゃんじゃん出ている絵がウマく描ければ、大問題が解決するのね」

「そうや。ちょっと詳しいこと言うと、それぞれのファインマン図には、じつは一個の数式が対応してる。それで、図が複雑になるにつれて、数式はむっちゃ難しくて長くなるんや。そやから、線が多くて複雑なファインマン図を描かれると、科学者は計算ができなくなって、お手上げなんや」

「絵がウマく描ければいいって問題じゃないのね」

思ったとおり。パパが数式だらけの生活を送ってる理由がわかった。この図の計算をしているのね。世界中の研究者がこの図の計算をしても、グルーオンがいっぱい枝分かれする図の計算が

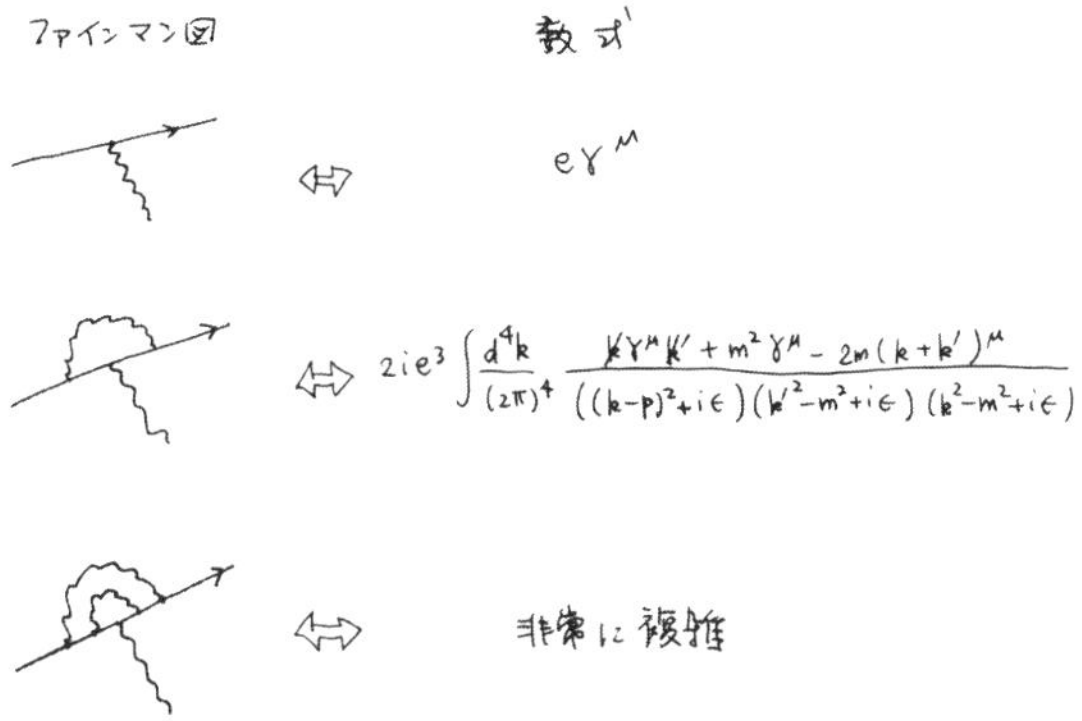

図㉑

できないなんて、とんでもない式なんだ、きっと。

「でもパパ、クォークの式はこんなに簡単、って前に書いてくれたじゃない」

そう言って私は、数日前にパパが書いた広告の裏紙を見せた。

「この二つ目の式がグルーオンの運動方程式やねんけどな、じつはこの式を解くときにはルールがあるんや。それが量子力学ゆうてな、まあ簡単に言うと、この式から出てくる答えを、またその式の中に入れ直して、それを無限回やらなあかんのや」

えええ！　答えをまた代入するの？　それを無限回！　それは一生かかってもできないの、当たり前よね……

「無限回やるのに成功した人、いるの？」

「この方程式やなくて、ちょっと特殊な方程式の場合は、やった人がおるねん。それは超対称性がある場合、ゆうてな、まあ難しいことは置いといて簡単に言うと、入れ直すときにゼロになって得するような場合やな。そういうときは全部の

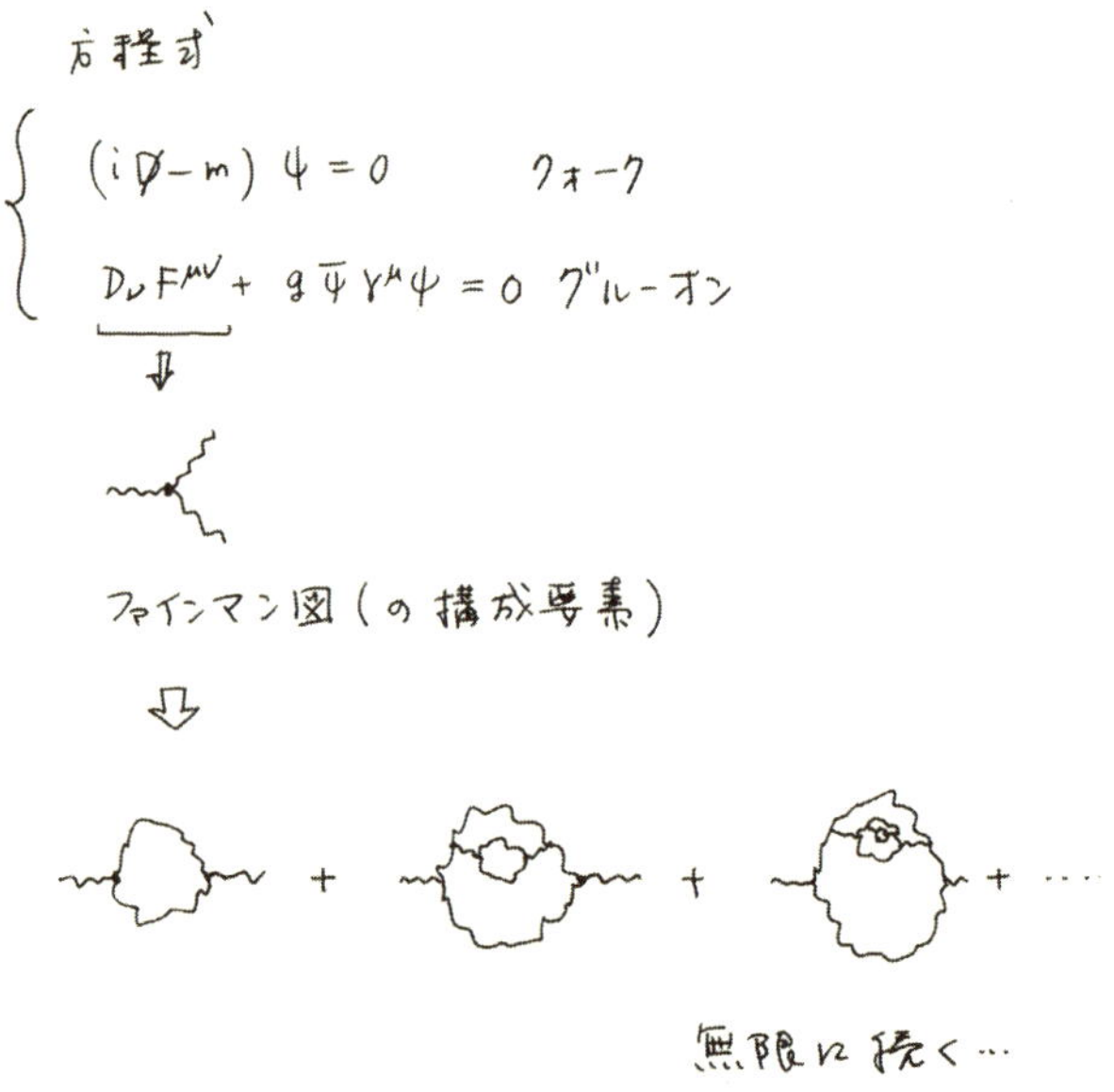

図㉒

無限回の計算ができるちゅうことを示した人もおるねん」

「超がつく言葉、それ何かわからないけど、スゴそうね。その超ナントカで、大問題が解決したの？」

「いや、この世界のクォークとグルーオンには、超対称性ちゅうのは当てはまれへんのや。そやから、まあ計算の例ちゅう感じになってしまうんかな。それはそれでむちゃおもろいねんけどな」

超ナントカを発見した人もスゴいけど、まだクォークの問題が解かれてはないということか。私はちょっと安心した。だって、これから私でも、チャレンジできる？　いや、私には無理。いやいや、無理なんてやってみないとわからない。チャレンジは誰でもやっていいはず。

「私、大問題がなんとなくわかった。無限回の計算をやる方法を発見すればいいのね」

「うん、そうや。だいたいそんな感じや」

「パパが毎日ノートに書いてる式は、その無限回を1回ずつやってるの？」

「いや、パパはそんなに根気づよいほうとはちゃうねん。世の中には、そういう根気づよい計算を続けてる研究者もおって、そりゃすごい人たちやで、けどな、パパはむしろ、答えが一足飛《いっそく》びにわかるような方法を見つけたいと思てるねん。それが、異次元の方法や」

なーるほど。科学者はいろんな方法で大問題にアタックしてるのね。それで、いろんなアイデアが必要なんだ。パパがなぜアイデアを大事にしているか、わかった気がした。

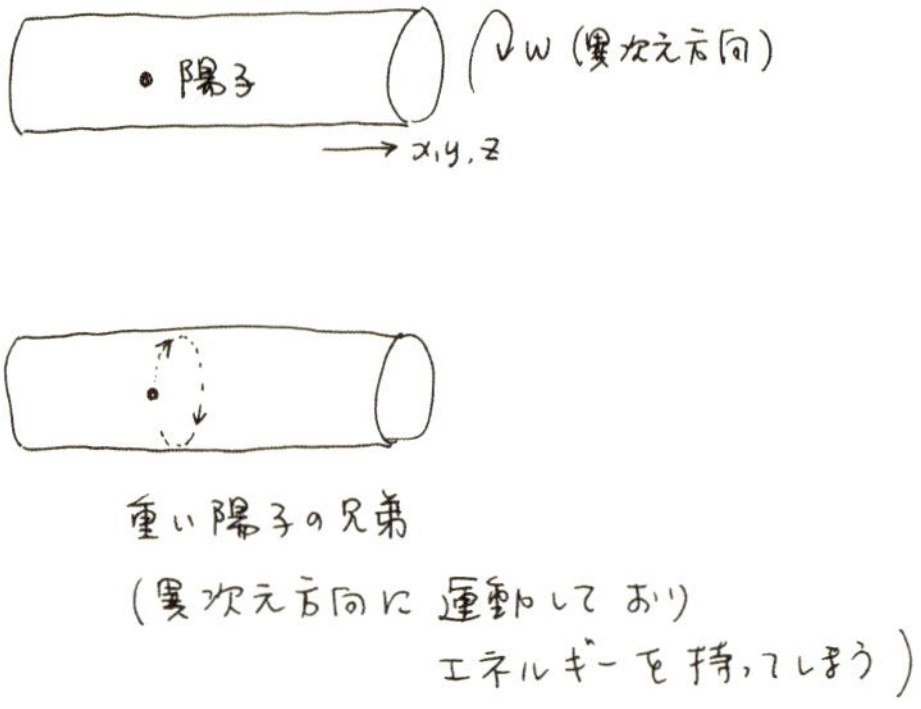

図㉓

「異次元のミソを一言でいうと、陽子やパイ中間子が3次元空間やなくて4次元空間に住んでると思ったとするやろ、そしたら、仲間がいっぱいおることが説明できるんや」

　私は、このパパの「寝る前」講義が、ついに核心に到達したと思った。ついにこの瞬間がやってきた。異次元が、陽子の仲間が多いという謎を解く手がかりになるかもしれないのね。

「クォーク3個が、バネみたいにつながってしもて、陽子になってるとするやろ。そしたら、クォークは引きはがされへんから、もう、陽子を一つの粒子と思うほうがよさそうやんか。そこで、もしも、やな、もしも、その陽子が3次元やなくて4次元空間に住んでたとするやろ」

　とても突飛な発想！　落ち着いて、落ち着いて。「そう考えたとする」だけの話よ。

「ほいだら、こないだ話したように、その4次元目は異次元やから、進まれへんか、丸まってるか、のどっちかやったわな。もし進まれへんかったら3次元と同じ振る舞いになってしまうから、丸まってるとしてみるで。そうしたら、陽子は、じつは異次元の方向にくるっと回ってこれたりするわけやな」

「異次元の方向もぐるぐる回れるもんね。すんごく速くぐるぐる回ったり？」

「そうそう。そんなのも考えられるわ。けどな、異次元の方向だけにぐるぐる回ってて、3次元空間では動いてないような状態を考えると、面白いで。異次元を見ないとすると、陽子は単に止まってるように見える。けど実際は、異次元方向にぐるぐるむっちゃ動いてて、エネルギーを持ってるんや。アインシュタインによると、Eイコールmcの2乗やから、エネルギーは質量とも思える。つまり、陽子は、重くなったように見えるんや」

「あ！　もしかして、それが、陽子の重い仲間の正体？」

「当たり！」

「でもそれだと、どうして決まった重さの兄弟が出てくるのか、わからないじゃない。だって、ぐるぐるの速さはどんな速さでもいいでしょ。だったら、もっといろんな重さの兄弟も作れるでしょ」

「そこは説明してなかったな。光のことを思い出してみてや。光は、粒子やけど、電磁波ちゅう波でもあるんや。波の大事な性質として、二つの波が重なると打ち消し合ったりする。けど、強め合ったりもするんや」

　パパは絵を描いて、波が強め合うときと、波が打ち消し合うときが、ちょっとした波のずれで

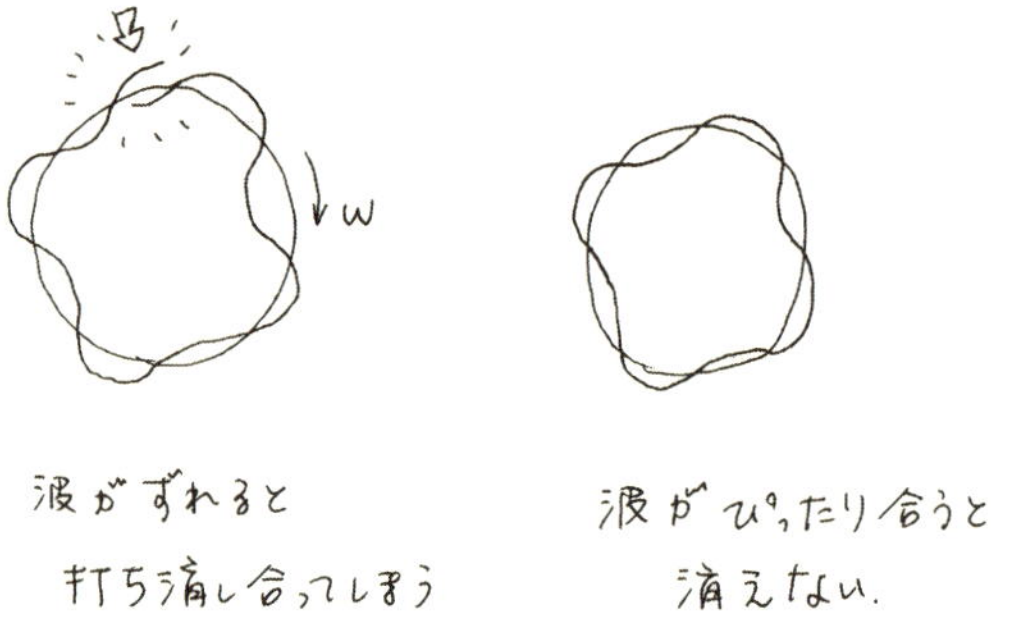
波がずれると
打ち消し合ってしまう
波がぴったり合うと
消えない。

図24

説明できると教えてくれた。

「せやから、異次元方向に陽子の波が進むとき、ちょうど強め合うような波の長さのときだけ、異次元方向の波が存在できるんや。これを、ボーアの量子条件、ちゅうんや。ボーアの量子条件ちゅう言葉は、高校で物理選択してたら最後のほうで習うはずやで」

量子とか、言葉はまだ習ってないからわからないけど、波の長さが決まった長さじゃないとダメだということは、なんとなくわかった。

「波の長さのことを波長ちゅうねんけど、波長が違うとエネルギーが違うねん。光は、波長が短いほどエネルギーが高いんやで。肉眼に見える波長の光より、波長が短い紫外線のほうがエネルギーが高くて肌に悪いし、もっと波長が短いエックス線はエネルギーが強くて体を透過してまう、それでレントゲンで骨が見えるんや」

「異次元の方向の長さにぴったりの波長のヤツだけが強め合って残って、その波長のエネルギーだけが許されちゃうってことね」

「そや、アインシュタインのEイコールmcの2乗によると、質量とエネルギーは等しいもんやから、とびとびの重さを持つ陽子の兄弟がぎょうさん生み出される、ちゅうことや」

私、頭が混乱してきた。陽子の仲間を説明しようとすると、丸まっている異次元を考えるといいらしい。けどね、別にクォークは異次元に住んでるわけじゃない。じゃあ、クォークがくっついてできているはずの陽子を、異次元空間で説明できるようなのは、なぜ？　次元が違うのに、説明したことになるの？

「おー、美咲も混乱してきたやろ。じつはな、これは世界中の研究者が不思議やとおもて研究してる最先端の話題なんやで。異次元があるか、無いか。もしくは、どっちでもないか」

どっちでもない？　そんなことがあるの？

私はその夜、寝つきが悪かった。暑くて寝苦しかったせいじゃ、なかった。

今日のパパの話のまとめ

・クォークの間の力をとりもつグルーオンは、むちゃくちゃ分裂できる。
・素粒子のくっつき方を描く絵をファインマン図と言って、式を表してる。
・陽子が、ぐるっとなった異次元にも動いてると思うと、陽子の仲間を説明できる。

【浪速阪《なにわざか》の日記】

7月8日

N部先生のことで頭がいっぱいになってる。先生のωメソンの論文、たった1ページの論文やで。そこに、物理が凝縮されてる。ぎっしり。その1ページの論文に、自分は全く負けてしもた、という事実に、ただただ、圧倒される。

けど、勝ち負けやあらへん。そう思うことにしよう。面白い物理を提供できるのが、ホンマの物理学者や。N部先生かて、人間や。スゴい人やけど、でも人間や。

僕かて、面白い物理を提供できるかもしれん。気合い、入れ直しや。

美咲に、陽子の仲間の話をする。自分で説明してて、余剰次元はオモロいなあと思ってしまう。まあ、そやから研究してるんやけど。面白い物理を提供するゆうても、究極的には美咲のような高校生に提供することが目標やもんな。

おまけの異次元

❺ 異次元に動けば質量となる

陽子が異次元に住んでいる、とはどういうことなのでしょうか。異次元を運動すると、重さの違う陽子の兄弟がたくさん出てくる、ということを、もう少し掘り下げて見てみましょう。アインシュタインも考えた式を取り扱ってみます。

量子力学では、粒子は波ですから、陽子を波で表して、方程式を書きます。

$$\left[\frac{1}{c^2}\frac{\partial^2}{\partial t^2}-\frac{\partial^2}{\partial x^2}-\frac{\partial^2}{\partial y^2}-\frac{\partial^2}{\partial z^2}+m^2\right]\phi(x,y,z,t)=0$$

ここで、mは陽子の質量ですね。さて、もし陽子が異次元空間も動けるとすると、空間はx、y、zの三つだけではなく、さらにwも導入することになります。方程式は少し拡大されて、

$$\left[\frac{1}{c^2}\frac{\partial^2}{\partial t^2}-\frac{\partial^2}{\partial x^2}-\frac{\partial^2}{\partial y^2}-\frac{\partial^2}{\partial z^2}-\frac{\partial^2}{\partial w^2}+m^2\right]\phi(x,y,z,w,t)=0$$

となります。wについての微分も入っていることに注意しましょう。この方程式を解くために、wについての特殊な性質を考慮します。wは異次元方向ですので、そちらは見えてしまう

ような大きさにはなっていないと考えます。つまり、w方向にある程度進むと、元に戻ってくるような「コンパクト化」を考えます。このような場合、解となるϕは、条件を満たさなくてはなりません。その条件とは、関数ϕにおいてwを一定の距離だけ動かしたときには関数が元の形に戻りなさい、という条件です。この条件を周期的境界条件と呼びます。

$$\phi(x,y,z,w,t)=\phi(x,y,z,w+a,t)$$

ここで、aは異次元空間の大きさを表します。

三角関数で周期的境界条件を満たすためには、

$$\phi=P(x,y,z,t)\sin(2\pi nw/a)$$

という形になっていないといけません。Pはw以外の座標であるx、y、z、tの関数です。nは整数で、異次元方向に波がどのくらい波打っているかを与える量です。（このnは、量子力学的にはw方向の運動量と考えられるものです。）この形をもとの微分方程式に代入してみましょう。すると、wについての微分のところが計算され、

$$\left[\frac{1}{c^2}\frac{\partial^2}{\partial t^2}-\frac{\partial^2}{\partial x^2}-\frac{\partial^2}{\partial y^2}-\frac{\partial^2}{\partial z^2}+\left(\frac{2\pi n}{a}\right)^2+m^2\right]P(x,y,z,t)=0$$

のような形となります。興味深いことに、質量mが修正され、整数nでラベルされるような、質量の系列になっています。

$$m^2 \rightarrow \left(\frac{2\pi n}{a}\right)^2+m^2 \qquad (n=0,\ \pm1,\ \pm2,\ \cdots)$$

すなわち、異次元方向に運動量を持つ状態が、ちょうど質量のように振る舞います。しかもその質量は、整数でラベルされるようなものが無限種類出てくるのです。

新しく得られる質量の系列は、異次元空間の大きさaの逆数で与えられていますね。つまり、質量の性質から、異次元の大きさを見積もることができるわけです。

このような考え方で出現する無限種類の質量の粒子を、カルツァ‐クラインの粒子と呼びます。カルツァとクラインの考え方は、高次元における波や場を考えた際に一般的な手法を提供しています。

実際の陽子とその兄弟は、綺麗な整数でラベルされているような質量にはなりません。このことは、異次元が単純な円形ではなく、曲がった空間であることを示唆《しさ》しています。実際、本書の後半で紹介される「マルダセナ予想」では、異次元空間は曲がっているとされるのです。

　また、アインシュタインは、カルツァ－クラインの考え方を使って、重力と電磁気学を統一しようとしたと言われています。高次元からのコンパクト化は、質量のある粒子を提供するだけではなく、種類の違う力を高次元で統一的に扱う手法も与えているのです。

第6講義

超ひも理論によると「次元はまやかし」！

結局、昨日の夜は何時に眠れたのか覚えていない。異次元の方向にぐるぐる動いている陽子のことを考えたら、眠れなくなってしまった。たくさんの陽子の仲間、パイ中間子の仲間、ハドロンの仲間が実験で見つかってる。どうしてそんなにたくさんの仲間がいるのか、それを説明する方法として、陽子が異次元方向にぐるぐる回ったりできるという説明がある。そこまではわかった気がした。

でも、その異次元って、どこにあるの？　電磁気力は逆2乗法則なんだから、異次元は無いはず。少なくとも電磁気力を伝える光に関しては、異次元は見つかってない。

「えらいこっちゃ。最近のアイドルは、歌うときの光の演出がすごいんやな」

パパがテレビの音楽番組を見て、うなっている。画面にはＰｅｒｆｕｍｅの3人が映っていた。

「演出、むっちゃうまいことやってるんやな。映像を体に投影して、動いてないもんがあたかも動いてるように見えるっちゅう、考えた人、エラいなぁ」

「パパ、こういうのプロジェクションマッピングって言うのよ。最近は建物の壁とかに映像を映して、まるで立体的に飛び出したりしてるように見せる芸術が流行ってるのよ」

「ほう。聞いてるだけやと、ホログラフィーと似てるな」

「ホログラフィーって？」

「あんなぁ、写真とかで立体的に見えるやつあるやろ、虹色に光ってたりするやつ。ホログラム写真、て言われてると思うで。まあ、立体写真やな。3次元の立体の情報が、2次元の紙の上に詰め込まれてる」

「あ！　3次元が2次元に詰め込まれてる？　それ、昨日の、陽子が異次元方向に動く話と同じように聞こえるね」

パパはちょっと首を傾《かし》げて、

「Ｐｅｒｆｕｍｅから話がずれとる」

と言いながら、ノートを取りに行った。いつものノートを手に持って戻ってきたパパは、なんだか面白そうに話を始めた。

「アメリカのプリンストン高等研究所にな、マルダセナっちゅう名前の天才科学者がおるねん。彼が１９９７年に発見したのは『ホログラフィー』って呼ばれる対応原理なんや。それが、まさに、昨日の異次元の陽子の話を導き出した話なんやで」

「今日は、それを教えて！」

「もちろん。これから話したる『ホログラフィー』は、写真のホログラムとは違って、素粒子のホログラフィーの話なんや。美咲に教えたってる、異次元の物理の話の核心は、まさにこのマルダセナの話なんや。パパが異次元の研究に引き込まれたのは、言わばマルダセナのおかげなんやで。マルダセナの話は世界中の理論物理学者を魅了してるねん。ウソちゃうで。証拠がある」

パパはパソコンを取り出して、「インスパイア」という名前のホームページを見せてくれた。

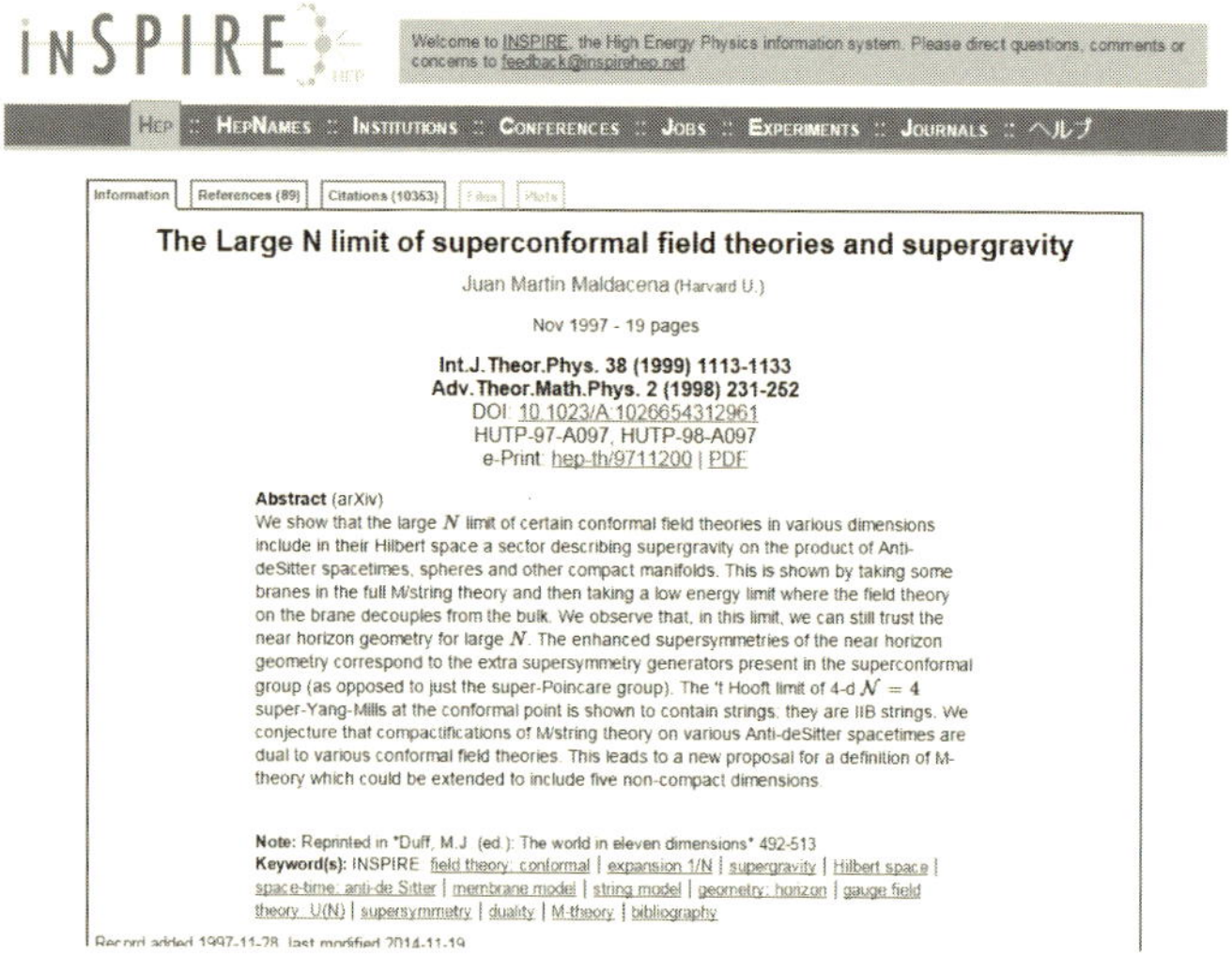

iNSPIRE HEP

Welcome to INSPIRE, the High Energy Physics information system. Please direct questions, comments or concerns to feedback@inspirehep.net

HEP :: HEPNAMES :: INSTITUTIONS :: CONFERENCES :: JOBS :: EXPERIMENTS :: JOURNALS :: ヘルプ

Information | References (89) | Citations (10353) | Files | Plots

The Large N limit of superconformal field theories and supergravity

Juan Martin Maldacena (Harvard U.)

Nov 1997 - 19 pages

Int.J.Theor.Phys. 38 (1999) 1113-1133
Adv.Theor.Math.Phys. 2 (1998) 231-252
DOI: 10.1023/A:1026654312961
HUTP-97-A097, HUTP-98-A097
e-Print: hep-th/9711200 | PDF

Abstract (arXiv)
We show that the large N limit of certain conformal field theories in various dimensions include in their Hilbert space a sector describing supergravity on the product of Anti-deSitter spacetimes, spheres and other compact manifolds. This is shown by taking some branes in the full M/string theory and then taking a low energy limit where the field theory on the brane decouples from the bulk. We observe that, in this limit, we can still trust the near horizon geometry for large N. The enhanced supersymmetries of the near horizon geometry correspond to the extra supersymmetry generators present in the superconformal group (as opposed to just the super-Poincare group). The 't Hooft limit of 4-d $\mathcal{N} = 4$ super-Yang-Mills at the conformal point is shown to contain strings: they are IIB strings. We conjecture that compactifications of M/string theory on various Anti-deSitter spacetimes are dual to various conformal field theories. This leads to a new proposal for a definition of M-theory which could be extended to include five non-compact dimensions.

Note: Reprinted in "Duff, M.J. (ed.): The world in eleven dimensions" 492-513
Keyword(s): INSPIRE: field theory: conformal | expansion 1/N | supergravity | Hilbert space | space-time: anti-de Sitter | membrane model | string model | geometry: horizon | gauge field theory: U(N) | supersymmetry | duality | M-theory | bibliography

Record added 1997-11-28, last modified 2014-11-19

インスパイアのホームページにある、マルダセナの論文のデータ
http://inspirehep.net/record/451647

マルダセナ、って英語の名前が書かれていて、その下にいろんな情報らしいものが示されている。

「このホームページは、誰の論文がどれだけ『引用』されてるか、つまり、他の論文に参考にされてるか、の数を出してくれてるホームページなんや。素粒子・原子核の理論・実験分野だけやけどな。ほいで、この分野で、最も多く引用されてる論文が、マルダセナのホログラフィーの論文なんや。すごいんやで、マルダセナの論文は1万回以上も引用されてるねんで。ノーベル賞とった、小林－益川《ますかわ》の論文より引用されてるねん」

「どうしてそんなに有名になったの？」

「ホログラフィーちゅう考え方が、物理学に革命をもたらしたからや。『次元は

まやかし』やった、ちゅう考え方や」

次元は、まやかし！


「まあ、『まやかし』ゆうたら言いすぎかもしれへんけどな、もうちょっとキチンと言うと、『違う空間次元の理論がじつは同じやった』ゆうことやねん」

「それで、陽子の仲間が異次元にいてもいいことになるの？」

「まあ、そうアセるな。結局やな、マルダセナのホログラフィーの発見があって、そこからいろんな研究が進んだ結果、陽子が異次元に住んでいる、ちゅう解釈が見つかった、っておもたほうがええかもな」

「うわー」

「マルダセナの発見したことを一言で簡単に言うと、『3次元空間に住んでいるグルーオンの力の物理は、ある曲がった高次元空間の重力の物理とおんなじ』ちゅうことになる。どう？　どう？」

ええー！　マルダセナ、ぶっ飛んでる。空間の次元も違うし、力の種類も違うじゃない。けどそれが同じ、って、かなり、ぶっ飛んでる。普通、そんなことありえない、って思うでしょうね。

「それは、ありえない感が満載ね」

私は、そう言うのが精いっぱいだった。だって、違う種類の力が「同じ」って言われても、そもそもそれ、オカしい。しかも空間の次元が違ったら、空間っていう入れ物が違うんだから、そこで発生するあらゆるコトが全部違うはずでしょ。それなのに、同じなんて、ありえない。

「そやねん、ありえへんっぽいやろ。それがスゴいとこやねん。信じられへんから、世界中のたくさんの研究者が、マルダセナの言ったことを確認し始めた。マルダセナの発見は、『予想』やったんや。つまり、マルダセナは別に、ホログラフィーを式で証明したわけやないねん。そういう等式が存在するんちゃうか、って予想しただけやってん。そやから、ホンマに成り立つのかどうか、世界中の人がチェックし始めたわけや」

「それで、あってたの？　まちがってたの？」

「今まで、たくさんの人がマルダセナの予想を証明しようと挑んやけど、まだ証明できた人はおれへんねん。けどな、一方はグルーオン、片方は高次元の重力、でそれぞれ計算してな、マルダセナの予言どおりぴったり値が一致する、ちゅう例がむっちゃたくさん見つかってるんや。そやから、みんな、マルダセナの予想がホンマやって信じてるんや」

マルダセナの予想……

台風の「予想」進路とか、そんなのとは全然違う科学の香りがする。次元が違うのに、起こっ

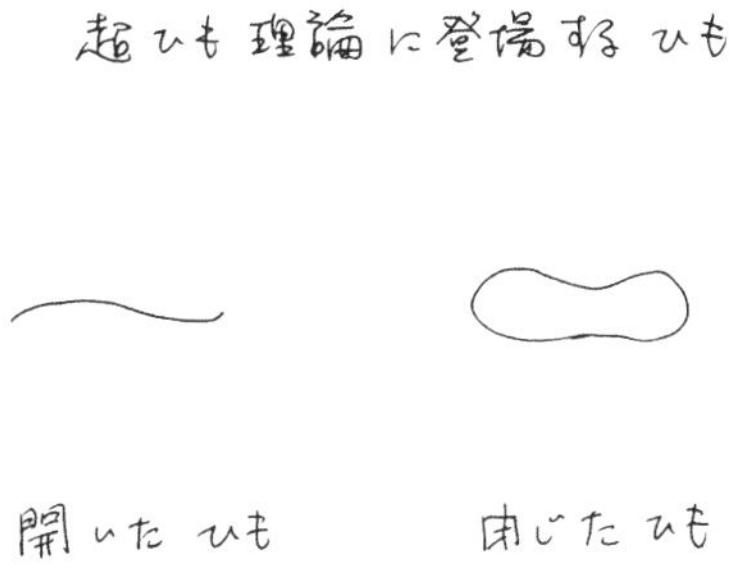

図25

てることが同じ。そんなことが予想されて、しかもたくさんたくさんチェックされて、しかも誰も式で証明した人がいない。世の中に、こんなエキサイティングなことがあるなんて！

「マルダセナはどうやってそんな予想を思いついたの？ やっぱり、試行錯誤なのかな」

「まあパパはマルダセナやあらへんから、ホンマのところはどうかわからへん。けど、予想に至ったのは、超ひも理論の研究から、なんや」

「超ひも理論って、パパの研究してる素粒子の話でしょ」

「そう、そう。すべての素粒子が、じつは小さな『ひも』でできていると考える仮説のことで、ひもを考えることでいろんな面白い物理がそこから出てくるんや」

「マルダセナの予想も、素粒子をひもだと考えるところから出てきたっていうこと？」

「そういうことやな。なるべく簡単に説明してみるで」

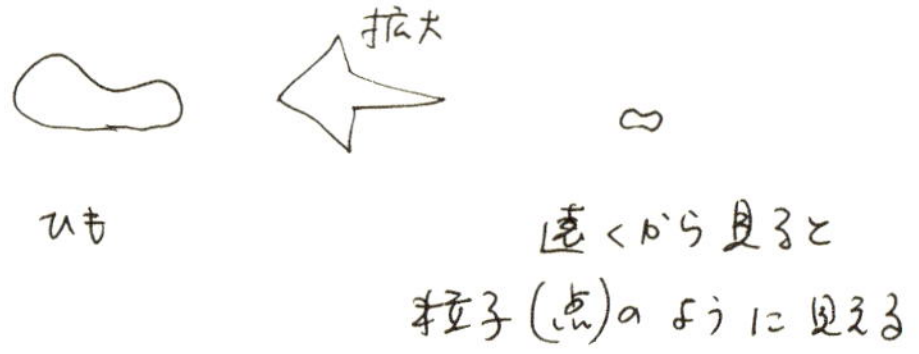
拡大
ひも
遠くから見ると
粒子(点)のように見える

図26

パパは広告の裏紙とペンを取り出して、ひもの絵を描き始めた。

「まず、『ひも』を究極的に簡単化したらどうなるか、考えてみるで。ふつう、『ひも』ゆうたら、靴ひもみたいなん思い浮かべるやろ。でも究極簡単にしたら、ひもは太さがなく、構造がなくて、たんなる線になる。けどな、線は線でも、ちょんぎれたひもと、丸くなった輪ゴムみたいなひも、ちゅう2種類が考えられるわな。ちょん切れたほうを『開いたひも』、輪ゴムみたいなほうを『閉じたひも』って呼ぶんや」

パパは、2種類のひもを描いた。

「前にコンパクト化の話したこと覚えてるやろ。2次元の紙を丸めて、それで遠くから見たら1次元に見える、ちゅう話。おんなじようにな、もし、このひもをむっちゃ遠くから見たとするやん。ほいだら、ひもは点みたいに見える。つまり素粒子みたいに見える。けど、近づいて見たら、ひもやってわかるんや」

「あ！　私ね、パパにコンパクト化のこと習ったときに、いろんなものをコンパクト化しようと思って、私の髪ゴムを丸めたことがあったの。からまって小さくなって、点にしてやった、フフフ」

「まあ、からめんでも、ゴムを遠くから見たら点になるわな。おぬしの心がけは評価する」

とパパは軍曹みたいに胸を張った。

「そういうふうに、小さな『ひも』を素粒子と考えることができるわけや。それが、いわゆる超ひも理論、専門家には『超弦理論』って言われてる考え方やねん」

「素粒子が小さなひもだったら、何が変わるの？」

「そこがポイントやな。じつは、素粒子がひもやったとすると、自動的に光と重力が出てくるねん！　スゴいやろ！」

「え、どこがどうスゴいの？」

「そやかてな、この世の中に、なんで光の電磁気があって、ほんで、なんで重力があるか、なんて誰が決めたんや。誰も決めてへんやろ。カミ様ホトケ様が決めたんやとしたら、それは科学ちゃうやろ。けどな、もし、素粒子がひもやったら、なんと自動的に電磁気力と重力が出てくるんや。誰も決めんと、な」

「何か、スゴい話ね。科学は、なぜ重力があるのか、とかいうことまで答えようとしてるの？　神様が怒りそう……」

「その、『神様』がどんなふうに動いてるかを考えるのが素粒子物理学なんやで」

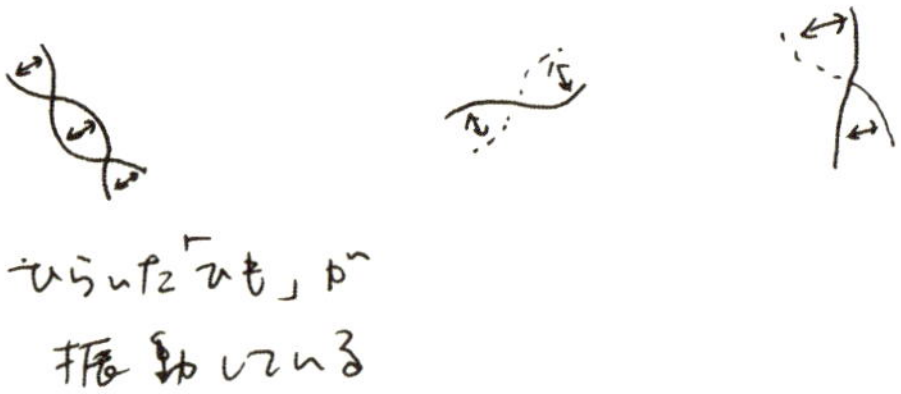

図27

究極理論っていう言葉を急に思い出した。超ひも理論は究極理論、って『ニュートン』って雑誌に書いてあった。たしかに、なんでその力が存在するか、なんていうことを導けるとしたら、それは「究極」ね。

「光と重力がひもで説明できるっちゅうのは、じつは直感的にわかるんや。光が開いたひもで、重力が閉じたひも、になってるんや。ちなみに、重力が閉じたひもや、っちゅうことは、日本人の米谷《よねや》さんと、シュワルツ－シャークらによって、発見された。さらに、ちなみに、ひも理論は、南部陽一郎と、サスキント、ニールセンらが考え出したんや」

「南部陽一郎は、対称性の破れだけじゃなくて、ひもも考えたのね」

「そうなんや。超人やな。それで、まず開いたひもが光を表す理由やけどな」

パパは、短いひもがどう振動するかを示す絵を描き始めた。

「開いたひもは、ゆらゆら振動できるやろ。ひも、やからな。その振動の方向は、空間のどっちかの方向になるやろ。そや

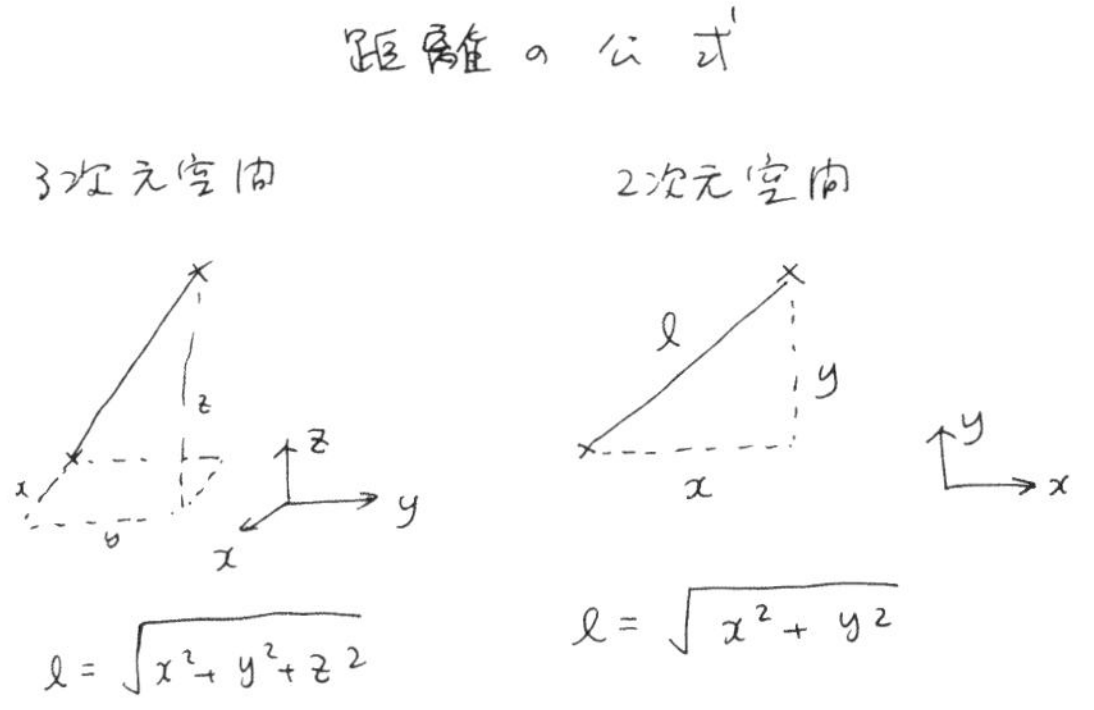

図28

から、ひもを遠くから見たときに素粒子やと思っても、素粒子のくせに空間のどっちかの方向に振動してるような情報を持ってる素粒子になるんや。ほんで、じつは光も波やから振動してるって、知ってるやろ。偏光《へんこう》ガラスちゅうのは、ある方向に振動してる光しか通さへんのや。つまり、開いたひもと光は同じ性質を持ってるちゅうことや」

「偏光ガラスって、映画館の3D眼鏡のレンズでしょ。あれ、二つ眼鏡を重ねると、重ねる向きによって暗くなったりして面白くて、映画館でリカと遊んだの」

「そうそう。偏光板を通ってきた光は偏光してるから、それと合わへん偏光板をさらに通そうとすると、通らへんようになるから、暗くなるんやな」

「光が偏光してる理由が、ひもだから、ってすごいね」

「もちろん、誰も光がひもやって実験で確認したわけやないで。そういうふうに考えても矛盾は無い、ちゅうことやねん」

「じゃあ重力のほうは確認できるの？」

「いやいや、重力は弱いから、さらに確認が大変や。こっち

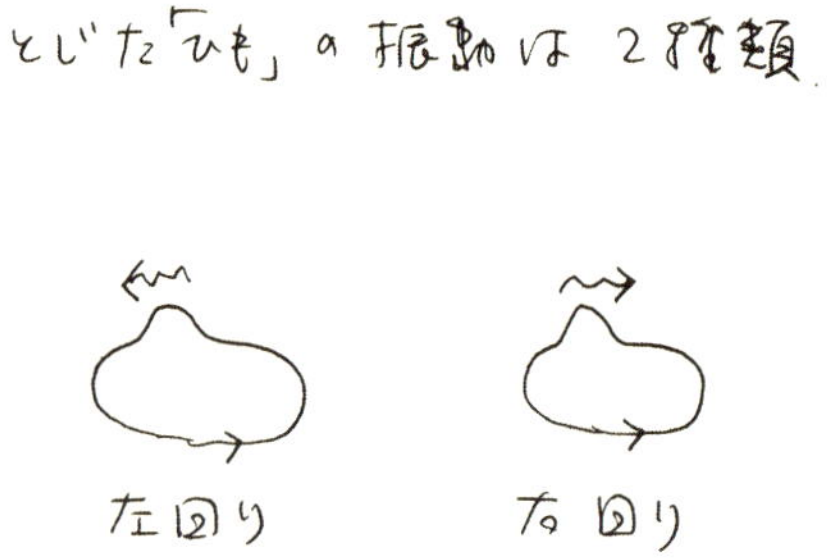

図29

も実験では確認されてなくて、米谷さんたちが見つけたのは理論上のことなんや。重力ちゅうのは、空間を曲げる力や、ということをアインシュタインが見つけたんやけど、空間が曲がったかどうかは、空間の中の距離を測って初めてわかるわけや。距離ちゅうのは、例えば、」

　と、パパは紙の上に座標軸を描いて、距離の公式を書いた。

「距離は、xの2乗とyの2乗を足して、そのルートをとればええ、って公式あったやろ？　ピタゴラスの定理やな」

「うん、それ習った。平面じゃなくて空間だったら、zの2乗も足してから、ルートするの」

「そやそや。その公式。公式の中で、座標を2乗してるやろ。距離を測るときは、2乗せなあかんのや。x方向に行く長さを2乗、つまり2回かける。y方向、もおんなじ、ってな。これは、距離を測るときは、振動を2個持ってこなあかんちゅうことやねん」

「どうして？」

「振動が1個あったら、揺れがxを1個、測れるやろ。ほん

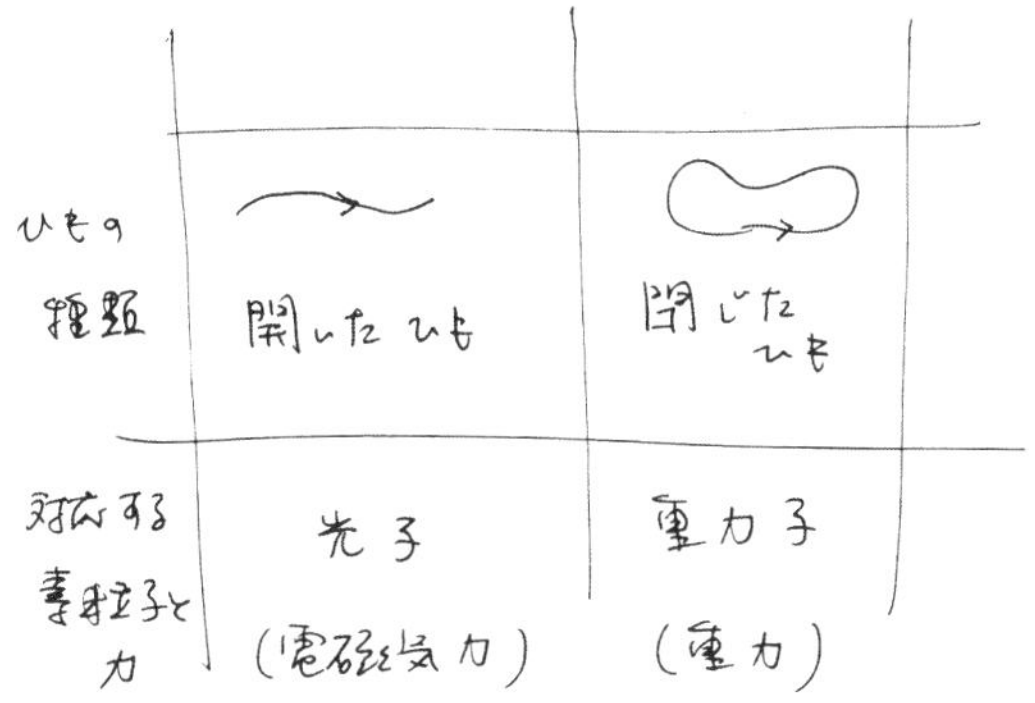

図30

で、もし振動が二つあったら、それぞれの振動がxを1個ずつ測って、二つ合わせたら座標の2乗を測れる、って思たらええねん。x方向にどのくらいずれるか、ちゅうのを、二つの振動で見てやれば、2乗ができるようになるんや。もうちょっと難しいこと言うとな、美咲の知ってる距離の公式を、曲がった空間で書くと、ちょっと公式が変更されるねん。じつは、xの2乗とかyの2乗とかだけではなく、xかけるyとかいうのも出てきてしまうねん。そうしたら、振動が2種類無いと、そういう効果をうまく測られへんのや」

「じゃあ、振動が二つあるのが、開いたひもじゃなくて閉じたひもってわかるってこと？」

「それを言おうとしててん。閉じたひもやと、その上の振動は、閉じたひもの上を右回りに動くのと左回りに動くのと、二つあるやろ。振動が2種類や」

「ホントだ！　それで、閉じたひもが重力と同じだって言えるのね」

「そういう感じやな。まあもちろん、科学的にきちんと示すには、ひもの運動と重力の方程式を詳細に比較せなあかんけどね、けど、そうやると、一緒になることが示されてるねん。光も同じな。ちゅうわけで、開いたひもは電磁気の光、閉じたひもは重力、っていう対応がわかるわけや」

素粒子がひもだと思うと、光や重力が自然に出てくるなんて、ビックリだ。究極、ね。友達とよく笑いながらおなか抱えて「究極に面白いー」とか言うけど、究極に面白いことがこの世界で本当に起こってるかもしれない！

私、とんでもないことを知ってしまった気分。究極理論を少しかじっちゃった。この世の中がどうなっているかって、すごく複雑だけど、素粒子の言葉で考えると、意外に簡単なのかも。重力と光が、単にひもかもしれない、って考えただけで、神様になった気分だ。

「ねえ、どうしてこんなスゴいこと、高校で教えないの？」

「ははは、そら、誰もまだ素粒子がひもや、っちゅうことを実験で見たことがないから、超ひも理論は仮説やから、やな。けどな、むちゃ面白い仮説やから、マルダセナの予想が生み出されたんや。明日、マルダセナの予想をどうやって超ひも理論から出すか、説明したる。今日はもうこれくらいにしとこ」

「えー、いいところで中断するのね」

「テレビ番組かって、ええところで『続きはコマーシャルの後で』やろ。まあ楽しみにしとき。それにしても美咲、超ひも理論って、もう大学の物理やなくて大学院の物理の勉強したんやで。

『はやべん』もええとこや」

「パパ、はやべんってお弁当のことで、勉強の『早勉』って初めて聞いた」

「いま、その言葉作ってん」

「もう、からかわないでよ」

パパは私の声に聞こえないふりをして、もうネマキに着替え始めていた。

今日のパパの話のまとめ

- マルダセナの予想「ホログラフィー」は物理学に革命を起こした。
- ホログラフィーとは、次元の違う理論がじつは同じ、ということ。
- 素粒子が小さな「ひも」だという仮説が、超ひも理論。
- 超ひも理論では、光と重力が、開いたひもと閉じたひもから自然に出てくる。

【浪速阪《なにわざか》の日記】

7月9日

出した論文にコメントが二つ来る。一つ目は、お決まりの、「私の論文を引用してください」系のやつ。結構近い計算を別のコンテクストでやってるみたいやから、リバイズするときに引用することにする。もう一つは、格子データを教えてくれてるので、むちゃ面白そう。でもちょっとホログラフィーでは計算がサブリーディングかも。この人と少しメールで議論してみようかな。

美咲に、最近の研究のことを教え始めて、明日で1週間になる。1週間で教えるってゆうたから、約束は守らなあかんな。

美咲に話してて思うのは、やっぱり次元は不思議や、てことの再認識。毎日の計算でいろいろ確かめることはできても、ホンマにそれがどういうことなんかは、闇《やみ》の中や。人生で、いつかそれがわかる日が来るんやろか。

おまけの異次元 ❻

超弦理論と量子重力

量子重力理論とは、量子力学と重力を統合的に扱おうという試みの理論のことです。超弦理論も、量子重力理論です。「試み」とわざわざ書いたのは、じつは現在までのところ、重力を量子力学的に扱うという問題は未解決なのです。

量子力学が根本的に古典力学と異なるところは、結果が確率で与えられることです。つまり、ある初期状態から出発したとして、数秒後の物質の状態がどうなっているかを予言する際、古典力学だと、決まった答えが得られるのですが、量子力学では、状態Aにある確率、状態Bにある確率、といったふうに、確率的な重みでしか、答えが得られません。このような考え方を受け入れられなかったアインシュタインは、「神はサイコロを振らない」という有名な言葉を遺《のこ》しています。

あらゆる可能性を考えて、それらを重みづけて足し上げる、という量子力学の考え方は、素粒子の理論では問題を起こします。その問題は、基本的に、量子重力の問題と同じなのです。以下では、その問題をお話しして、超弦理論がそれを解決する方法を持っていることを解説し

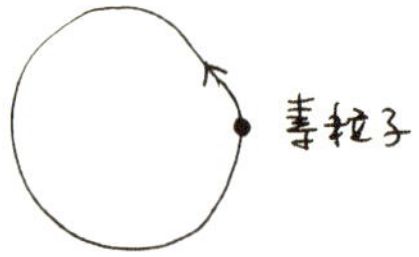

図c

ましょう。

あらゆる可能性、というのは、素粒子の動きとしてあらゆるものを考えるということです。例えば、素粒子がグルッと回って帰ってくるようなことを考えましょう（図c）。本当はこの図は、ファインマン図と呼ばれ、粒子と反粒子の生成消滅を意味しているのですが、細かい意味は気にしなくて構いません。さて、このような図は、半径をいろいろと変えた図も考えられます。量子力学によると、すべての可能性を考えるので、すべての種類の図を考える必要があります。すなわち、素粒子の軌跡である円の半径について積分しないといけません。しかし、この種の計算は、無限大を出してしまいます。なぜなら、半径はゼロから無限大までのあらゆる値をとりうるからです。

素粒子の生成消滅を表す量子力学は場の量子論と呼ばれますが、あらゆる種類の場の量子論は一般にこの種の無限大の問題を持っています。朝永《ともなが》振一郎がノーベル賞を受賞したのは、無限大を有限化する「くりこみ」を発案したからでした。くりこみ処方によると、この種の無限大は、もともとの理論に現れるパラメータ（例えば電荷や質量）を無限大倍だけずらして定義しておくことで、物理的な結果を有限にできます。例えば、電子と電磁気学を量子力学的に統合した量子電磁力学は、くりこみ可能です。また、素粒子の標準模型も場の量子論で書かれていますが、くりこみ可能です。

しかし、残念なことに、重力の量子論だけは、くりこみ可能ではありません。もともとの理論に現れるパラメータを変更するだけでは処理できない、無限大が現れてしまうのです。これが、量子重力の問題です。

超弦理論は、この問題をある変わった方法で解決しています。素粒子ではなくて、ひもを考えましょう。素粒子と同じように、くるっと回って戻ってくるひもの軌跡は、円ではなく、ドーナツの表面のような形をしています。この形を、トーラスと呼びます。量子力学では、トーラスの形について積分する必要があります。では、トーラスの形、とは何でしょうか。

トーラスを切り開くと、図dのように平行四辺形になります。この平行四辺形の向かい合う辺どうしを縫いつけると、元のトーラスになります。さて、平行四辺形の形は、下の水平な辺

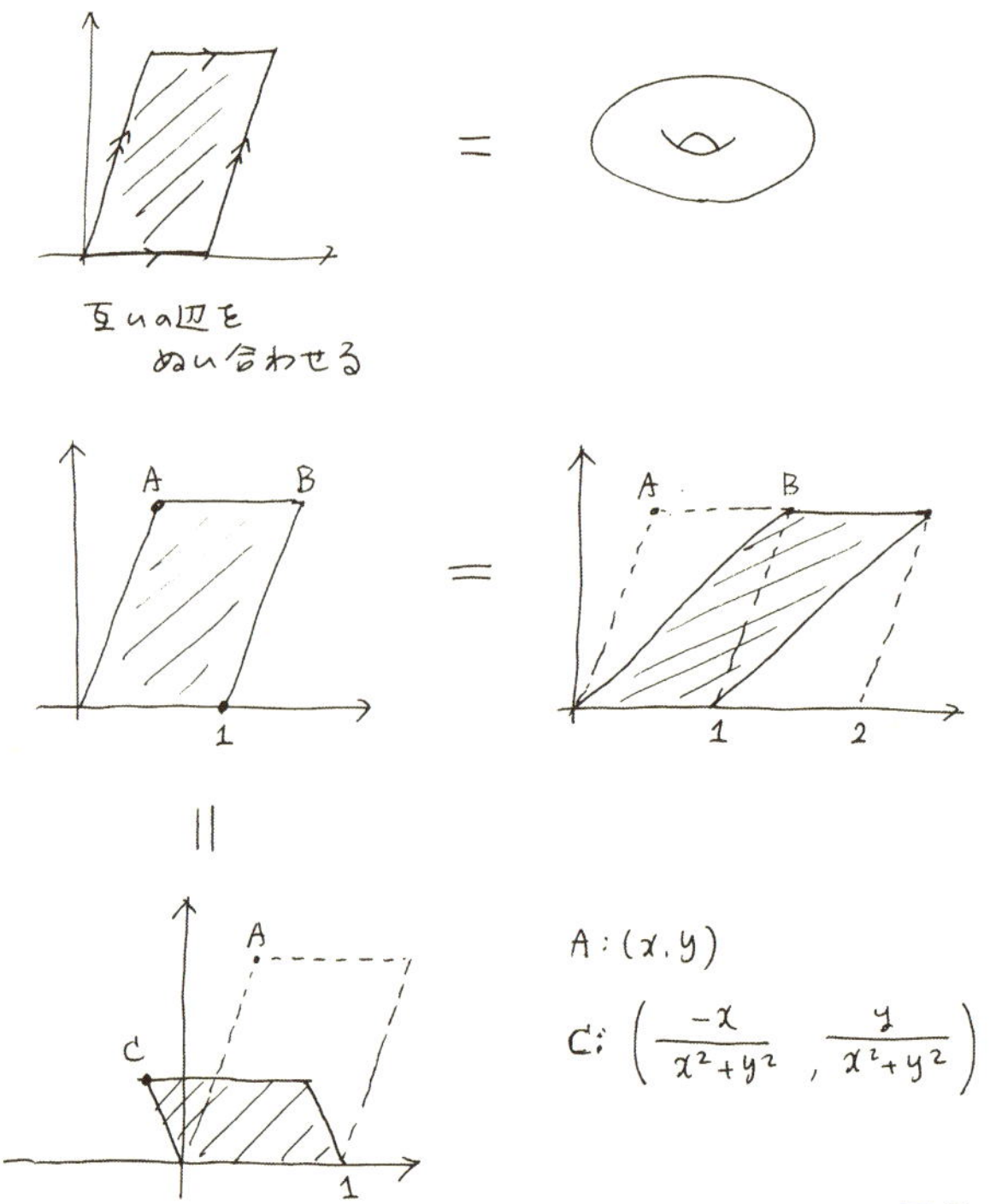
互いの辺を
ぬい合わせる
A
B
1
2
C
A : (x, y)
C : $\left(\frac{-x}{x^2+y^2}, \frac{y}{x^2+y^2}\right)$

図d

の長さを1と決めておくと、頂点Aの場所で決まります。しかし、頂点Aの場所を、点Bに移動したとしても、出来上がるトーラスの形は変わりません。縫い合わせてみれば、同じであることがわかります。また、頂点Aの場所を、点Cに移動したとしても、平行四辺形の形（角度）は変わっていません。元の平行四辺形を倒せばよいのです。ただし、この場合、角度は同じですが、大きさが変わっています。そこで、トーラスについて、大きさが変わっただけのものを同じものと見なす、と仮定しましょう（このようなことを共形《きょうけい》不変性と呼びます）。すると、点Cを頂点とする平行四辺形も、同じトーラスを生むことになります。

このように考えると、操作を繰り返せば、無限種類の平行四辺形が、同じトーラスを表すことになります。つまり、可能なすべてのトーラス、というときに、その種類の数を無限大で割ることができます。このことを、モジュラー不変性と呼びます。

超弦理論にはモジュラー不変性があるために、あらゆる形のトーラスの足し上げを行っても、無限大は発生しません。つまり、素粒子をひもに置き換えると、その形の性質により、無限大を発生させないようにできるのです。これが、超弦理論が量子重力理論の問題を解決していると考えられている理由です。超弦理論についてさらに知りたい方は『大栗先生の超弦理論入門』（ブルーバックス）をお読みになるとよいでしょう。

重力を含めて、超弦理論はすべての知られている力を量子力学的に扱うことができます。そのため、超弦理論は「究極理論」や「統一理論」と呼ばれるのです。

第7講義

陽子の謎とブラックホール

眉間にしわを寄せたパパは、『ムー』という雑誌をなめるように熟読している。表紙には大きく「ピラミッドの秘密通路」って書かれていた。科学者って、よくわからない。確か先月、パパの『ムー』をちょっとパラパラ読んでみたら、超常現象だの宇宙人だの地底人だの、本当に物理学者が熟読する本なのかな、って目を疑った。

「ねえパパ、その雑誌に書いてあること、本当だと思って読んでるの」

「科学者はどんなことにも疑問を持って、興味の赴《おもむ》くままに考えるんや。美咲は『ニュートン』読んどき。そのうち『ムー』のよさがわかるわ」

「もう。ホント子供ね、科学者って。でも確か、先月号のニュートン、超ひも理論特集だったわね。私、結構楽しく読んだのよ」

「そやそや、昨日の夜、ええとこで話がおしまいになってしもたんやったな。今日はいよいよ最終回！」

「え？　いきなり最終回って、予告しといてよ！　テレビ番組もそうするよ」

「数えたら今晩で7回目。1週間でわかる、って初めに予告したやろ。約束は守るで。今日はついに、マルダセナの予想の話や」

昨日寝る前に書いたメモを見ると、マルダセナの予想が書いてある。

マルダセナ予想
——違う空間次元の理論が同じという予想。3次元空間のグルーオンの力の話と、曲がった4次元空間の重力が同じ——

「パパ、マルダセナの不思議な予想が、超ひも理論からわかる、って昨日言ってたよね？」

「そうや。ま、マルダセナ予想は、むっちゃ正確に言うと、『マキシマル超対称なヤン－ミルズ理論のラージNかつ強結合極限《きょうけつごう》が、5次元反ド・シッター時空と5次元球面の直積上《ちょくせき》の超重力理論と等価』っちゅうことやねんけど、まあそうゆうても呪文みたいにしか聞こえへんやろな。呪文やとおもて、無視してええで」

パパが言ったのは本当に呪文に聞こえた。何語？　って感じ。ちょっと悔しいから、今度紙に書いてもらって、早口言葉で覚えてやる。

「そんな難しいこと言って私をごまかそうとしてもダメよ。どうして高次元の重力と3次元のグルーオンが同じなのか、教えてちょうだい」

「はは、すまんすまん。実際使うのは、昨日教えた、開いたひもが光子で、閉じたひもが重力や、ゆうことや。まず、グルーオンのことやねんけど、グルーオンはじつは光子とほとんど同じで、違うのは自分で分裂できるかどうか、ちゅうとこだけなんや。そやから、グルーオンも開いたひもなわけ。それで、開いたひもが、例えばこの空間を運動してるとするやろ。そしたら、その運

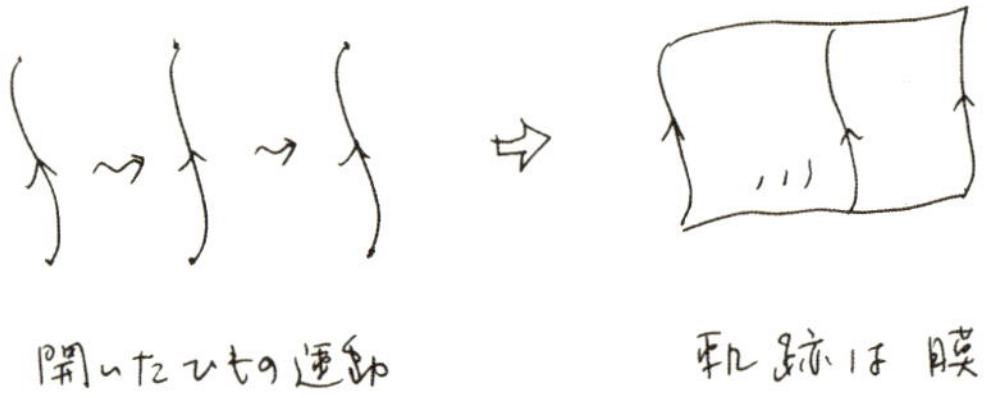

図31

動の軌跡は、膜《まく》みたいに見えるわけや。この膜が、ひものファインマン図ちゅうわけ」

「ファインマン図って、素粒子の通った跡を線にして描いた絵のことよね」

「そや。ほんで、ここでちょっと頭を柔らかくしてみる。ひもが運動できるのは、もっと次元の高い空間やと考えてみるんや」

「いいよ、私ちょっとずつ訓練してるから、まだわからないけど頑張ってみる」

「けどな、グルーオンはやっぱり3次元空間を運動してるはずやから、高次元があるにもかかわらず3次元を動くんや。そういうとき、どんな可能性があるか、前に教えたやろ」

「異次元方向に進めないか、異次元が丸まってるか」

「そやそや。進めない、っちゅう場合、まさにアボット先生のファンタジー小説みたいに、高次元の中に『3次元空間の膜』が浮かんでいて、その膜の上だけ、ひもが運動できる、ちゅうわけや。この3次元の膜を、『ブレーン』って呼ぶ。

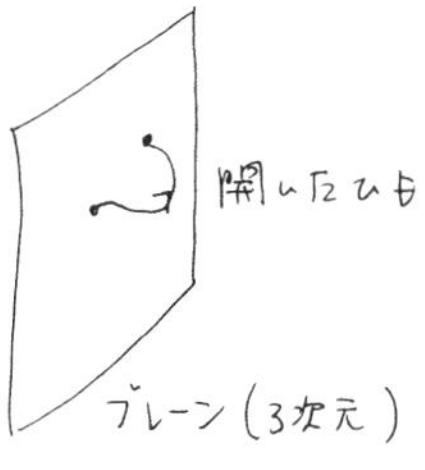

図32

3次元の膜の次元を1個落として、模式《もしき》的に2次元膜のようにブレーンを描いてみよか」

パパは広告を持ってきて、平べったい膜みたいな「ブレーン」を描いて、その上にくっついてる開いたひもを描いた。

「この絵では膜は2次元的に見えるけど、実際は3次元、な。それで、この開いたひもは、端っこが特徴的で、端っこだけがこのブレーンの上にくっついているとするんや」

「ブレーン、って何？」

「ああ、ブレーンちゅうのは研究者が作った造語で、英語で『膜』を意味する『メンブレーン』ちゅう英単語の一部から来てるねん。脳みその『ブレーン』とちゃうで」

「そのブレーンを考えるのはいいけど、考える理由は、グルーオンになってる開いたひもが、3次元空間しか見えないようにするためね」

「そのとおりや。グルーオンはあくまで3次元空間を運動しとるんや。けどな、その開いたひもの運動の軌跡を描いてみると、おもろいことがわかるんや。こうやって開いた弦が動

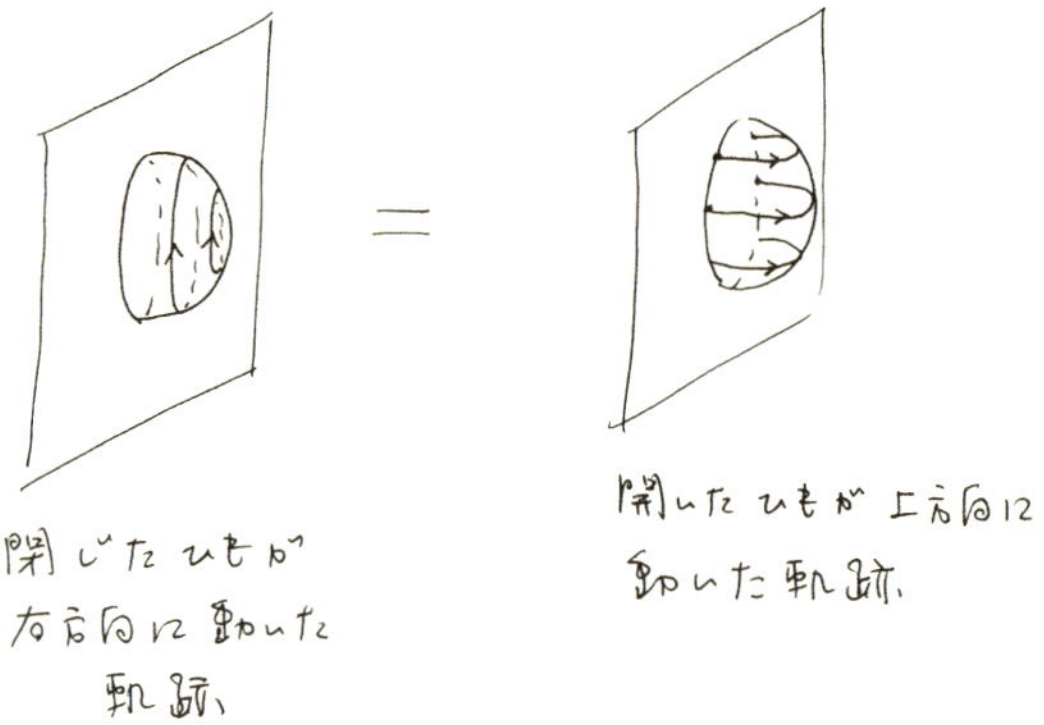

図33

いたとするやろ」

　パパはブレーンの上を動くひもの「ファインマン図」を描き始めた。

「こうやって動いてたひもの軌跡を、横方向にスライスすると、ある時刻のひもの形がわかるわな。けどな、縦にスライスしたとすると、まるで閉じたひもがブレーンから出てくるように見えるやろ。このことからわかるのは、ブレーンは閉じたひもを放出できて、しかも閉じたひもは端っこが無いから、ブレーンとは関係なく高次元空間を飛び回れる、ちゅうことや」

　確かに、そうね。開いたひもの端はブレーンに乗ってる、ってことだったけど、閉じたひもは自由に高い次元の空間を動けるのね。

「こっからわかるのは、3次元空間を運動する開いたひも、つまりグルーオンは、高次元空間を運動する閉じたひもと、おんなじに見える、ちゅうわけや」

　あ！　ファインマン図の、縦と横を入れ替えると、開いた

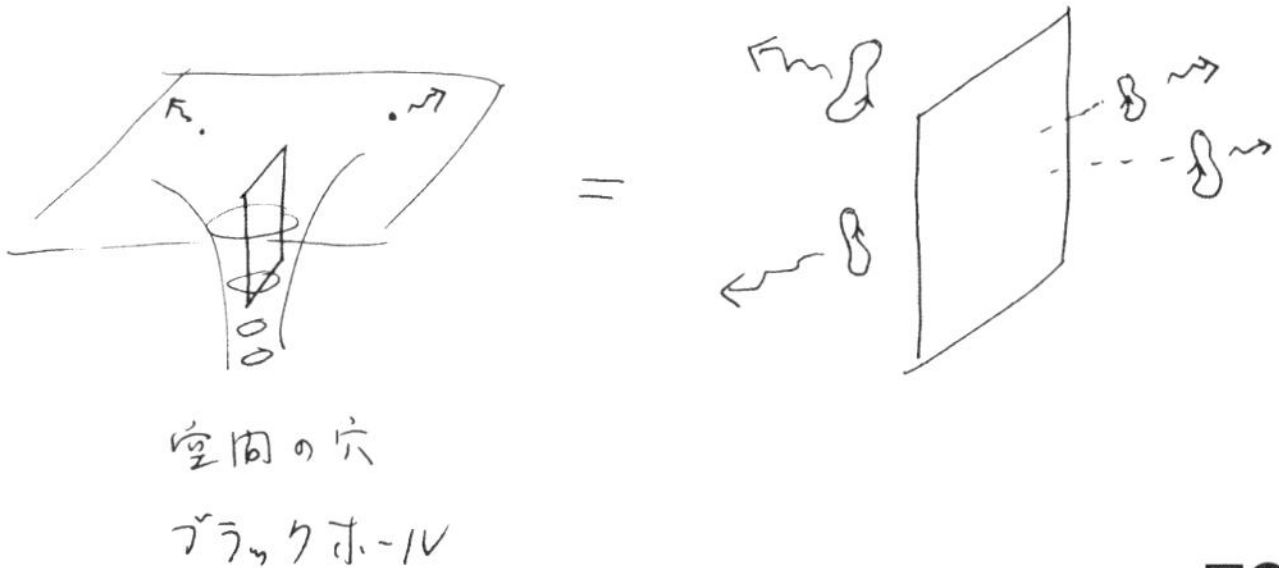

図34

ひもと閉じたひもが入れ替わる――グルーオンと重力が入れ替わった。しかも、運動できる空間の次元が変わってる――ホログラフィーだ！

「これが、超ひも理論に特有の『等価性』なんやな。マルダセナは、この考え方をさらに押し進めて、正確にこの次元の違う二つの理論が同じになる状況を考案したんや。それが、マルダセナの予想なんや。つまり、3次元空間を運動するグルーオンの理論と、高次元を運動する重力が、同じや、ちゅう」

私、多分わかってないんだと思うけど、でもわかった気がする！　空間の次元が違う話が、同じことを意味してる、っていうのが、ひもの軌跡を考えると出てくるのね！

「閉じたひもが動く高次元空間は、むっちゃ曲がった空間になってるんや。なんでか、ゆうとな、さっきのブレーンは、そっから閉じたひもが出たり吸い込まれたりするやろ。重力を伝える素粒子がそんなに出たり吸い込まれたりするのは、重力の理論やと、ブラックホールって呼ばれるんや」

「ブラックホールって、光さえ出てくることができない、曲がった空間の穴よね。『ニュートン』に書いてあった」

「そや、それそれ。高次元空間はブラックホールみたいに曲がった空間になってる。そのせいで、高次元空間は、まるで丸まった紙みたいな異次元になってるんや。異次元の4次元目が、丸まってるとすると……何か思い出さへんか」

「陽子の兄弟の話？」

「大正解！　陽子の兄弟は、丸まった4次元目の空間を考えると、解釈ができる、ゆうたやろ。それは、じつはマルダセナの予想から来てるんや。曲がった4次元目の空間が、陽子の仲間が出てくることを説明してくれるんや」

超ひも理論のパワーを思い知った気がした。ひもの軌跡を考えることで、結局、陽子の仲間がいることにつながるんだ。

「マルダセナの予想に基づいて、いろんな計算がされたんや。自分で分裂してまうグルーオンの理論は、そのままやと計算がむちゃ難しくなってしまう。けど、超ひも理論をつこて、高次元の重力の話に置き換えてしまうと、計算が簡単にできてしまうことがあるんや。陽子の仲間の重さとか、計算できてしまうんやで」

「そうやって計算した結果は、ホントの実験でわかってる陽子の仲間の重さとピッタリ合ってるの？」

「いや、だいたい傾向が合ってるくらいや。なんでか、ちゅうと、マルダセナの予想を使うときには、ホンマのグルーオンとはちょっと違う性質を仮定せなあかんねん。そやから、ずれるんや。けどな、そもそもむっちゃ難しいグルーオンの理論を、ちょっと違う性質を仮定するだけで、簡単に計算できるようになって、しかもだいたい陽子の仲間の性質が説明できる、っちゅうのは奇跡的なことなんやで」

パパが異次元のことに夢中になってるワケが、だんだんとわかってきた。異次元とか、しかも次元の違うのがじつは同じとか、想像を完全に超えてたけど、だんだんとわかるようになってきた。で、いったんその世界を知ってしまうと、なんと不思議なことか！　不思議に不思議が重なって、この世の中をどう思えば正解なのか、わからなくなってきちゃう。わからないことが、面白い、と思えるようになってきた！

「グルーオンの理論は、スーパーコンピュータで計算されてる、ってゆうてたやろ。スーパーコンピュータでの計算結果と、高次元空間の重力での計算結果は、ウマいこと一致することが、最近わかってきたんや」

「ねえパパ、そうすると、マルダセナが陽子の謎を解いて、1億円もらえるの？」

私はドキドキして聞いてみた。するとパパはさらっと、

「いや、マルダセナの話は予想やし、それを証明せなあかんわな。証明できる人が出てきたら、その人は1億円もらう可能性がちょっとあるかもしれん」

「1億円とかいうより、この話じたいがすごく奇想天外な話ね。そんな奇想天外な話を信じる科学者がたくさんいるっていうのが、またスゴく不思議ね」

「じつはな、グルーオンの話が異次元の重力とおんなじ、っちゅうマルダセナの予想を使って、ある実験結果が予言されてたんや。実験をしたら、その予言にピッタリの実験結果が出た。それもあって、マルダセナの予想は驚異の革命になったんやで」

「その実験、って陽子の実験？」

「そや、鋭いな。陽子とか、陽子と中性子が集まってできてる原子核を、スゴい速さで正面衝突させて、クォークとグルーオンのプラズマを作る実験や。アメリカのブルックヘブンっちゅうところでやってる『重イオン衝突』ちゅう実験で、今はさらにLHCでも実験をやってるねん。そこで発見されたことは、なんとプラズマがむっちゃサラサラの液体や、っちゅうこと。宇宙で一番サラサラの液体やったんや。ほんで、サラサラや、ちゅうことが、じつは事前に、異次元の重力を使って予言されたんや」

「重力でどうやって予言したの？」

「原子核を衝突させると、ものすごいエネルギーが発生するやろ。エネルギーが集中したら、『Eイコールmcの2乗』のアインシュタインの公式で、むっちゃ重いもんが発生したことになる。それは、異次元の重力を考えると、じつはブラックホールが発生したことになるんや。異次元の、な。ほんで、そのブラックホールの性質を調べると、サラサラやゆうことが予想されたんや」

異次元重力のブラックホールから、陽子の実験結果が予言されてたなんて！　大変なことを知ってしまった気がする。

「美咲、口がポカンと開いてるで。びっくりしすぎやわ」

慌《あわ》てて口を閉じたけど、私、ついに異次元にいってしまったみたい。

「まだ目がまん丸になってるで。まあ、結構楽しんでくれたみたいやから、美咲にいろいろ話せてよかったわ。異次元の研究の面白いとこ、伝わったかな。ちょうど、今日で7回目の講義やから、1週間っちゅう約束のとおり、これで最終回や。オツカレ〜」

パパはそう言って、私の肩をポンとたたいて、部屋から出ていった。なーんとなく、私はそのままボーッと座り込んでしまった。

異次元なんて、あるわけないと思ってた。あったら、オカしいと思ってた。でも、最先端の研究では、異次元を使って研究者がいろんな予言をしたり、しかも、異次元が異次元じゃないのと同じだとか予言されたり。次元がまやかし——そんなの、未だに想像できない。でも、そうなんだ。そう考えることができるんだ。

パパみたいな研究者も、次元がまやかしって、どういう意味か、本当はわかってない。世界の誰もわかってないのよ。マルダセナの予想は、まだ誰も証明してないんだから。

わからない、ってことは、その先に、私の知らない世界が待ち受けてるってことなんだ。その世界は、次元の違う空間が同じに見えるくらいに、とてつもなくビックリすることなんだ、きっと。

【浪速阪《なにわざか》の日記】

7月 10日

格子計算との比較をちょっとやってみると、なかなか似ていて面白い感じやということがわかってきた。ブラックホールの性質をうまくプローブできてるかもしれない。先行文献を当たってみると、結構いろんなことがやられているらしい。自分のやったような計算がすでに3年前に出ているのを見つけて、ショック半分、安心半分。その先を超える計算ができると、かなり安心できそうな。

美咲に1週間で異次元を話すプロジェクトが終了。最後の反応を見ると、美咲にとってはまあまあ面白かったんかもしれない。ちゅうより、自分の娘に、自分が何やって仕事してるか、を話せたということのほうが大きいような気がする。思えば、子供の時、自分の両親の仕事にとても興味があっても、詳しく教えてもらった記憶は、無い。ちゅうか、子供の時にそういう興味をそもそも自分で持たへんかったんかもな。そういう意味で、娘に興味を持ってもらえたのは、よかったかもしれん。

おまけの異次元

❼ 異次元物理の広がり

マルダセナの予想は、まだ証明されていません。しかし、等価性が正しいと仮定して、3次元空間のグルーオンの理論と、高次元空間の重力の理論で、対応していると考えられている物理量をそれぞれ計算してみると、ぴったり一致する。そんな例が、山ほど知られています。したがって、この予想が成り立っていないと考える研究者は少ないでしょう。

正確に言うと、マルダセナの予想は、クォークとグルーオンの理論そのものを取り扱えるわけではありません。クォークの種類を「色」と言いますが、マルダセナの予想では、その「色」が無限種類あるという仮想極限を考えます。さらにクォークとグルーオンの結合定数がとても大きい極限を考えたときに、高次元の重力理論と対応すると考えられています。これらの極限は、現実のクォーク・グルーオンの状況とは異なります。しかも、オリジナルのマルダセナの予想では、さらにボソンとフェルミオンを入れ替える「超対称性」が入った理論についてのみ予想されています。クォークとグルーオンの理論には超対称性がありません。したがって、マルダセナの予想をそのまま、クォークとグルーオンの理論に適用することはできません。

マルダセナの予想を、我々の世界のクォークとグルーオンに適用できるように、変形したり拡張したりする試みが続いています。その結果、クォークとグルーオンの世界の一部分は、高次元重力理論でよく近似できそうだということがわかってきています。

本当のクォークとグルーオンの理論や、1億円問題は、マルダセナの予想だけでは攻略できないでしょう。これからも新しい発見が必要です。クォークとグルーオンの理論は、「量子色《いろ》力学」（QCD）と呼ばれています。量子色力学は、素粒子の標準模型の中の確立した一部分であり、理論を理解するために、今までさまざまなアプローチが研究されています。「クォーク模型」と呼ばれる、クォークを中心人物と考えてそれらがポテンシャルの中を運動する模型や、量子色力学を、結合が弱い極限や強い極限から展開する近似法、そして、時空を格子に切ってその上に量子色力学を載せ計算するスーパーコンピュータによる数値解析まで、あらゆる努力が注がれ、手法が開発されています。その中で、マルダセナの予想やその拡張は、次元そのものの考え方を大きく変え、新しい視点を提供したということは大きな一歩です。

ところで、マルダセナの予想は、クォークとグルーオンの理論への応用だけではなく、近年ではさまざまな応用がなされています。例えば、物性《ぶっせい》物理や量子情報理論への広がりが活発になされるようになってきました。高温超伝導や量子臨界点、非フェルミ流体などの新奇な物質相などが、高次元重力理論から研究されています。このような発展において重要なのは、新しい視点が与えられると、そこから新しい発見が期待できることです。同じ現象を、異なる見方で記述できるということは、それぞれに得意な手法で解析ができるということで、それらを比較したりお互いにフィードバックしたりすることが可能になります。分野交流による発展が続いています。

このように、近年の超弦理論は、量子重力理論すなわち統一理論としての研究だけではなく、超弦理論の数理に基づいて、さまざまな応用研究を花開かせています。今後の発展がますます楽しみですね。

復習

結局、異次元は
あるんでも
無いんでも、ない

1週間、毎晩10分だけパパの特別講義を聴いて、がぜん私はいろんなことが不思議に思えてきた。次元は数えるのが当たり前だと思ってたけど、でもその次元自体、重力で考えるかグルーオンで考えるか、で、違うことがあるんだ。そうパパに習ってから、全く、世界の見え方が変わってしまった。

素粒子物理の研究では、異次元の話が日常に出てくるってパパが言ってた。それくらい、異次元はもう身近な研究テーマで、しかも根源的な考え方になってるのね。最先端の科学が、とんでもないところに到達してるのを、思い知った。

マンガみたいな言葉だと思ってた、「異次元」。今の研究者には、当たり前になってるんだ。SFだと思ってた世界が、ホントの科学の最先端になってるんだ。おとぎ話みたい。科学者をやってるパパから聞かなかったら、信じてないところだった。知らなきゃ損。

パパが、どうして毎日ウロウロと考え事をしてるか、なんとなくわかった気がする。きっと、頭の中は異次元でいっぱいなんだ！　そりゃ目線が異次元になっちゃってるのも理解できる。異次元のことで悩んでるんだから、ね。あ、最近私も、そんなふうにウロウロしてるかも……マズい、友達に変に思われる……でもなんだか、ウロウロもいいものね。

世の中には、不思議なこと、わかっていないことは、まだまだいっぱいあるみたい。だけど、超ひも理論の異次元の考えは、当たり前になってきた。スゴい時代ね。今でさえ、人類はそんな考えまで到達しちゃったんだから、これからの科学はどんなふうになるんだろう。

想像もできないような未来が、私を待ってる。

おわりに

世の中には「当たり前」があふれています。電車が動いていることや、人間がご飯を食べること、なんでもかんでも、当たり前です。事故や病気や災害で「当たり前」が突然無くなったときに、私たちは「当たり前」の価値や意味を知るのです。科学においても、ここまで科学が発展してきた現代、「当たり前」が無限に存在しています。しかし、それが当たり前ではなかったらどうなのか？　という視点こそが、科学を発展させるのです。

異次元空間という考え方は、素粒子物理学においてこの20年ほどで急激に広く研究されるようになってきました。本書は超ひも理論の入門書ではありますが、そこに現れる異次元空間の性質に焦点を当てて、みなさんの頭にあろう「異次元が無い」という「当たり前」を破壊することをもくろみました。

「当たり前」を疑うことは、勇気のいることです。けれども、それがまさに科学のワクワク感の源泉になっているのです。異次元というテーマ以外にも、みなさんの日常にある「当たり前」の裏側を、ぜひ覗いてみてください。きっと、ワクワクするものが見つかるはずです。

本書の執筆にあたり、講談社サイエンティフィク第2出版部の慶山篤さんのご理解、そしてさまざまな方からのインスピレーションが後押しになりました。そして、いつも私を励ましてくれる妻に感謝の意を表して、本書の最後とさせていただきます。

Profile 橋本幸士 はしもと・こうじ

1973年生まれ、大阪育ち。1995年京都大学理学部卒業、2000年京都大学大学院理学研究科修了。理学博士。サンタバーバラ理論物理学研究所、東京大学、理化学研究所、大阪大学などを経て、2021年より、京都大学大学院理学研究科教授。専門は理論物理学、弦理論。

著書に『Dブレーン—— 超弦理論の高次元物体が描く世界像』(東京大学出版会)がある。

Twitterアカウントは@hashimotostring。

浪速阪教授のホームページは http://sites.google.com/site/naniwazaka/

超《ちょう》ひも理論《りろん》をパパに習《なら》ってみた
天才物理学者《てんさいぶつりがくしゃ》・浪速阪教授《なにわざかきょうじゅ》の70分講義《ぶんこうぎ》

2015年2月28日 第1刷発行
2022年4月21日 第11刷発行

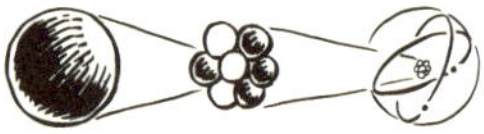

著　者　橋本幸士《はしもとこうじ》
発行者　髙橋明男
発行所　株式会社講談社
〒112-8001 東京都文京区音羽2-12-21
販売(03)5395-4415
業務(03)5395-3615

KODANSHA

編　集　株式会社講談社サイエンティフィク
代表　堀越俊一
〒162-0825 東京都新宿区神楽坂2-14 ノービィビル
編集(03)3235-3701
本文データ作成　美研プリンティング株式会社
印刷所　株式会社平河工業社
製本所　株式会社国宝社

 ISBN978-4-06-153154-3 NDC421 159p 19cm